大学と高校を結ぶ
化学基礎演習

佐藤光史監修

佐々一治・松山春男・永井裕己・徳永 健
高見知秀・望月千尋
共著

培風館

本書の無断複写は，著作権法上での例外を除き，禁じられています．
本書を複写される場合は，その都度当社の許諾を得てください．

まえがき

　化学は，物質の性質や変化を取りまとめて理解する科学の1つで，物質を扱う理工系分野のあらゆる専門科目を学ぶための基礎となる学問である．このような化学の領域は広く，かつ日々進歩している．したがって，大学で学ぶ化学は，物質の成り立ちから，その状態や性質，変化をより深く理解するだけに留まらない．すなわち，進歩し続ける化学の姿を適切にとらえ，必要な場面で有効に活用するための力を身につけるのである．このような力を獲得すると，誰もが大きな発見に出会う可能性をもつ躍動する学問である．

　初学者の多くは，「あぁ，これは知っている」ということに出会うと少し安心する．しかし，新しい発見は「このことは未だ世の中で知られていない」ことに出会うときが始まりである．新たな発見こそが，化学の目指す目標であり，「知られていないことに出会う」方がより大切なことがわかるだろう．しかし，いま出会ったことが新しいかどうかを判断するためには，「基本原理」の大筋や，その考え方を理解している必要がある．

　さて，大学で学ぶ化学と高等学校の化学には，どのようなレベル差があるだろう．大学では理解すべき概念が増え，理解に必要な言葉や知識量は格段に多くなる．しかし，いずれの化学においても「基本原理」は一緒であり，原理のレベルに高低差があるわけではない．それらに差があると思うのは人間の勝手な解釈であり，むしろ基本原理に対する「理解の深さのレベル」が異なるのである．

　化学の広い森は奥深く，初学者が迷わないようにするための道案内が必要である．本書は，まず「いま知られていること」を正しく理解するための道案内として，多くの例題と演習問題を用意した．基本原理の考え方に関する解答付きの演習問題Aは，高等学校の教科書があれば解けるはずである．さらに，少し発展的な内容を含み，解答の付いていない演習問題Bにも取り組み，理解度の向上を確かめてほしい．また，本書は大学で扱う内容も含んでいる．高校生は，大学ではこのようなことが理解できるようになるのかという興味をもって読み進んでほしい．大学生は，教科書と併用しながら，予習と復習に役立ててほしい．

2015年12月

著者一同

目　次

I編　元素と原子

1. 元素と物質 …………………………… 1
   1.1　純物質
   1.2　混合物
2. 原子と電子配置 ……………………… 3
   2.1　原子の構成
   2.2　原子番号と質量数
   2.3　電子配置
   2.4　元素の周期表と分類
3. イオンの形成 ………………………… 9
   3.1　陽イオンと陰イオン
   3.2　イオンの電子配置
   3.3　電気陰性度
4. 分　子 ………………………………… 12
   4.1　分子の生成
   4.2　原子価
5. 物質の表し方：化学式 ……………… 14

II編　化学の基礎

1. 化学結合 ……………………………… 17
   1.1　イオン結合とイオン結晶
   1.2　金属結合と金属結晶
   1.3　共有結合と配位結合
   1.4　結合の極性
   1.5　分子間力
2. 物質量と化学式 ……………………… 23
   2.1　相対質量
   2.2　原子量
   2.3　分子量
   2.4　式　量
   2.5　アボガドロ数
   2.6　物質量
   2.7　モル質量
   2.8　気体の体積と密度
   2.9　溶液の濃度
3. 化学反応の量的関係 ………………… 29
   3.1　化学反応式
   3.2　化学反応式が表す量的変化
   3.3　イオン反応式
4. 理想気体の性質 ……………………… 32
   4.1　気体の体積と圧力
   4.2　気体の体積と温度
   4.3　気体の体積と圧力と温度
   4.4　気体定数
   4.5　気体の状態方程式
5. 化学反応と反応熱 …………………… 37
   5.1　反応熱
   5.2　熱化学方程式
   5.3　反応の種類
   5.4　ヘスの法則
   5.5　結合エネルギー
6. 反応速度と化学平衡 ………………… 41
   6.1　反応速度

6.2 活性化エネルギー
6.3 触媒
6.4 化学平衡
6.5 ルシャトリエの原理

III編　酸・塩基，酸化・還元

1. 酸と塩基 ············ 47
   1.1 酸と塩基の定義
   1.2 酸・塩基の強弱と電離度
   1.3 酸・塩基の電離平衡
   1.4 水のイオン積
   1.5 水素イオン濃度とpH
   1.6 電解質の中和反応
   1.7 中和の量的関係
   1.8 緩衝作用
2. 酸化還元反応 ············ 57
   2.1 酸化・還元の定義
   2.2 酸化数
   2.3 酸化還元反応における酸化数の増減
   2.4 酸化剤と還元剤
   2.5 酸化還元反応式
   2.6 酸化還元滴定
   2.7 金属のイオン化傾向
3. 電池と電気分解 ············ 64
   3.1 電池の原理
   3.2 電気分解
   3.3 電気分解の法則

IV編　有機化合物

1. 有機化合物の特徴と構造 ············ 71
   1.1 有機化合物の特徴
   1.2 有機化合物の分類
   1.3 有機化合物の表し方
2. 脂肪族炭化水素 ············ 75
   2.1 飽和炭化水素
   2.2 不飽和炭化水素
3. 酸素を含む脂肪族化合物 ············ 80
   3.1 アルコール・エーテル
   3.2 アルデヒド
   3.3 ケトン
   3.4 カルボン酸
   3.5 エステル
4. 芳香族化合物 ············ 86
   4.1 ベンゼンの反応
   4.2 官能基をもつ芳香族化合物

演習「大学生の化学」 ──────── 93

解答 ──────── 107

付録　化合物の命名法 ──────── 127

I編　元素と原子

1. 元素と物質

化学は，物質の構造と性質，および変化を対象とする科学である．物質を構成している基本的成分を**元素** (element) といい，現在までに約 110 種類発見され，そのうち 90 種類が天然に存在する．元素記号は世界共通である．

物質は，固有の性質をもつ**純物質**と，それらが 2 種類以上混ざっている**混合物**に大別される．

図 1 に物質の分類とその例を示す．

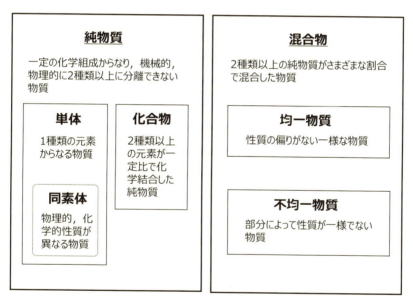

図 1　物質の分類

1.1　純物質

純物質 (pure substance) は特定の化学組成をもち，1 種類の元素からなる**単体** (simple substance) と，2 種類以上の元素からなる**化合物** (compound) に分けられる．空気中にある酸素 O_2 とオゾン O_3 は，同じ酸素という単一の元素から構成され，いずれも単体である．しかし，O_2 は無臭の無色透明気体で，O_3 は特異な臭気のある青色の気体で明らかに異なる．このように，同一元素にみられる複数の単体を**同素体** (allotrope) という．

【例題 1】 次の (1)〜(5) の各物質を，単体と化合物に分類せよ．
(1) 空気中の窒素　(2) グルコース　(3) ドライアイス　(4) 鉄
(5) 黄リン

解答 単体は 1 種類の元素からなる物質，化合物は 2 種類以上の元素が一定比率で化学結合した純物質であることに基づいて分類する．
(1) 空気中の窒素は，分子式 N_2 で表される単体
(2) グルコースは，化学式 $C_6H_{12}O_6$ で表される炭素，水素，酸素からなる化合物
(3) ドライアイスは，二酸化炭素 CO_2 の固体で炭素と酸素からできている化合物
(4) 鉄は，鉄原子のみからなる単体
(5) 黄リンは，分子式 P_4 で表されるリンの単体で，同素体の 1 つ

1.2 混合物

身のまわりにある物質の多くは**混合物** (mixture) で，空気 (酸素と窒素など)，海水 (水と塩化ナトリウムなど)，牛乳 (水とタンパク質，脂肪など) や，合金などである．混合物は，混ざり合っている純物質の種類が同じでも，それらを含む割合によって密度などの性質が異なり，分離・精製して純物質を取り出すことができる．また，混合物には，どこをとっても組成が一定な**均一物質** (homogeneous material) と，とった場所によって組成が異なる**不均一物質** (heterogeneous material) がある．

【例題 2】 次の文中の空欄①〜⑨に，最もよくあてはまる物質名や用語を入れて文を完成させよ．

空気はおもに〔①〕と〔②〕からなる．食塩水はおもに水と〔③〕で構成されている．このように，〔④〕種類以上の〔⑤〕から構成されている物質を〔⑥〕という．〔⑥〕を〔⑤〕に分ける操作を〔⑦〕という．食塩水を加熱して水を〔⑧〕させ，その後冷却することによって，溶けきれなくなった分の〔③〕を析出させることができる．この操作を〔⑨〕という．

解答 ① 酸素 (窒素)　② 窒素 (酸素)　③ 塩化ナトリウム　④ 2
⑤ 純物質　⑥ 混合物　⑦ 分離　⑧ 蒸発　⑨ 再結晶

◆ **演習問題 A** ◆

【問題 A-1】 次の (1)〜(4) の文に最もよくあてはまる用語を，下の選択肢から 1 つずつ選べ．
(1) 1 種類の単体，または 1 種類の化合物のみから構成される物質
(2) 2 種類以上の元素の原子が化合してできている純物質
(3) 2 種類以上の単体や化合物が混ざり合ってできている物質
(4) 同じ元素でできている単体で，互いに性質が異なる物質

〔選択肢〕単体，化合物，同素体，純物質，混合物

【問題 A-2】 次の (1)〜(4) の分離操作に最もよくあてはまる用語を答えよ．
(1) 胡麻塩の中からゴマを分離する．
(2) 水性ペンに含まれる数種類の色素を分離する．
(3) 塩化ナトリウム水溶液から水を分離する．
(4) ヨウ素と砂の混合物からヨウ素を取り出す．
〔選択肢〕 昇華，蒸留，分留，ろ過，クロマトグラフィー，電気泳動

◆ 演習問題 B ◆

【問題 B-1】 次の (1)〜(8) の物質を純物質と混合物に分類せよ．
(1) オゾン   (2) トマト   (3) 地球   (4) 人間
(5) ネオン   (6) 硫酸   (7) 花   (8) 二酸化炭素

【問題 B-2】 次の (1)〜(4) の物質はすべて混合物である．それぞれ含んでいる純物質を元素記号で答えよ．ただし，答えは 1 つとはかぎらない．
(1) 青銅
(2) 黄銅
(3) p 型シリコン
(4) 充電されたリチウムイオン電池の負極

2. 原子と電子配置

2.1 原子の構成

原子 (atom) はそれ以上分割できない，物質を構成する最小単位である．原子は，その中心に正の電荷をもつ**原子核** (atomic nucleus) と，そのまわりに負の電荷をもつ**電子** (electron) からなる．原子核は，正の電荷をもつ**陽子** (proton) と，電荷をもたない**中性子** (neutron) からなる (図 2)．中性子のない原子核の原子もある．

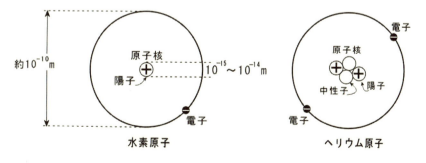

図 2　原子モデルの例

表 1　原子を構成する粒子

粒子の種類	電気量 (C)	電荷数	質量 (kg)	性質
電子	-1.602×10^{-19}	-1	9.109×10^{-31}	原子の反応性を決める
陽子	$+1.602 \times 10^{-19}$	$+1$	1.673×10^{-27}	元素の種類を決める
中性子	0	0	1.675×10^{-27}	電気的に中性

　表1に，原子を構成する粒子の電気量，電荷数，質量を示す．1つの原子において，原子核のまわりの電子数は，その原子に含まれる陽子の数に等しいので，原子全体としては電気的に中性である．

【例題3】　次の文中の空欄①〜⑨に，最もよくあてはまる語句を入れて文を完成させよ．
　すべての物質は約〔 ① 〕種類の元素で構成されている．元素は〔 ② 〕という小さな粒子でできており，原子は物質を構成する最小単位である．原子の内部は，中心に〔 ③ 〕があり，そのまわりに〔 ④ 〕が存在している．〔 ③ 〕は正の電荷をもつ〔 ⑤ 〕と電気的に中性な〔 ⑥ 〕からできている．陽子と中性子の質量はほぼ同じで，電子の質量の約〔 ⑦ 〕倍である．そのため，原子の質量は原子核の質量，すなわち陽子と中性子の数の和で決まり，これを〔 ⑧ 〕という．原子核のまわりに存在する電子は〔 ⑨ 〕の電荷を有しており，〔 ⑤ 〕と同じ数だけ存在する．

　　解答　① 110　　② 原子　　③ 原子核　　④ 電子　　⑤ 陽子　　⑥ 中性子　　⑦ 1836　　⑧ 質量数　　⑨ 負

2.2　原子番号と質量数

　原子核に含まれる陽子の数は元素ごとに一定で，その元素の**原子番号** (atomic number) に等しい．陽子と中性子の質量はほぼ等しく，電子の質量は陽子の質量の 1/1836 と小さい．そこで，陽子と中性子の数の和を原子の**質量数** (mass number) という．原子の質量数を元素記号の左上に，原子番号を左下にそれぞれ添字で書き表す (図3)．

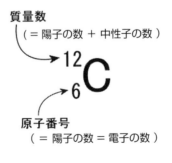

図 3　原子の表し方

2. 原子と電子配置

表 2 おもな天然同位体の存在比と相対質量

原子番号・元素名	記号	相対原子質量	存在比 (%)
1・水素	^{1}H	1.00785	99.985
	^{2}H (D)	2.013102	0.015
	^{3}H (T)	3.010490	極微量
6・炭素	^{12}C	12 (基準)	98.9
	^{13}C	13.003	1.10
	^{14}C	14.003	極微量
8・酸素	^{16}O	15.994915	99.762
	^{17}O	16.999133	0.038
	^{18}O	17.999160	0.200

　ある元素に属するすべての原子は，同じ個数の陽子をもつ．また，多くの元素に，原子核中の中性子の数が異なる原子が存在する．このような質量数の異なる原子どうしを互いに**同位体** (isotope) という．同位体の原子番号は同じで，化学的性質もほとんど同じである．このように，元素はいくつかの同位体からなる原子の集合体である．例えば，自然界に存在する炭素には，陽子6個と中性子6個の同位体の他に，陽子6個と中性子7個の同位体が知られており，これらの原子の集合体が炭素という元素である (表2)．

【例題 4】 次の (1)～(3) の原子内にある陽子，中性子，電子の数を求めよ．
(1)　$^{15}_{7}$N　　(2)　$^{56}_{26}$Fe　　(3)　$^{12}_{6}$C

解答
(1)　陽子数 = 原子番号 = 7
　　　中性子数 = 質量数 − 陽子数 = 15 − 7 = 8
　　　電子数 = 陽子数 = 原子番号 = 7
(2)　陽子数 = 原子番号 = 26
　　　中性子数 = 質量数 − 陽子数 = 56 − 26 = 30
　　　電子数 = 陽子数 = 原子番号 = 26
(3)　陽子数 = 原子番号 = 6
　　　中性子数 = 質量数 − 陽子数 = 12 − 6 = 6
　　　電子数 = 陽子数 = 原子番号 = 6

2.3 電子配置

　安定な状態にある原子中でも，負の電荷をもつ電子は，正の電荷をもち電子に比べると非常に質量の大きい原子核の束縛を受けながら，そのまわりで運動している．したがって，電子は原子核から束縛される程度によって異なるエネルギー状態をとる．そこで，異なるエネルギー状態を示すいくつかの殻の中に電子が属しているとみなし，それ

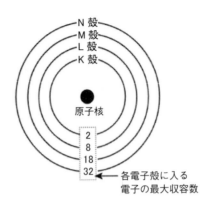

図 4　電子殻

らの殻を**電子殻** (electron shell) という．原子核がより強く束縛している順に，K 殻，L 殻，M 殻，N 殻，… という (図 4)．各電子殻に入ることができる電子の数は，K 殻から順に 2 個，8 個，18 個，32 個，… で，束縛の順番が n 番目の電子殻には，最大 $2n^2$ 個の電子を収容できる．電子は，内側の電子殻 (内殻) にあるほど，原子核から強い束縛を受けて安定な状態になる．このため，電子は内側の K 殻から順に収容され，このような電子殻への電子の入り方を**電子配置** (electron configuration) という．

最も外側の電子殻に属する電子を**最外殻電子** (peripheral electron) という．最外殻電子は，原子どうしが結合して化合物をつくるときに重要な役割をもち，結合にかかわる電子を**価電子** (valence electron) という．価電子の数が等しい原子どうしは，互いによく似た化学的性質を示す．

K 殻は電子の最大収容数が 2 で，ヘリウム He 原子は 2 個の電子が入ると満たされた状態になる．この状態を**閉殻** (closed shell) という．閉殻は，それ以上の電子を受け入れることはできない．したがって，3 個の電子をもつリチウム Li 原子は，2 個の電子が K 殻を閉殻にし，L 殻に 1 個の電子が入る電子配置となる．L 殻は電子の最大収容数が 8 で，ネオン Ne 原子で L 殻が閉殻となる．

【例題 5】　次の文中の空欄①〜⑥に，最もよくあてはまる語句を入れて文を完成させよ．

中性の原子は〔①〕と同じ数の電子をもっている．電子は原子核のまわりにいくつかの〔②〕の中に存在している．最も原子核に近い〔②〕を〔③〕といい，最大〔④〕個の電子を収容できる．その外側には〔⑤〕があり，最大〔⑥〕個の電子を収容できる．各殻に存在する電子はその原子の性質を決定する．

　　解答　① 陽子　　② 殻　　③ K 殻　　④ 2　　⑤ L 殻　　⑥ 8

【例題 6】　次の (1)〜(3) の原子の価電子の数を書け．
　　(1) 窒素　　(2) フッ素　　(3) アルゴン
　　解答　(1) 5 個 (K 殻に 2 個，L 殻に 5 個)　　(2) 7 個 (K 殻に 2 個，L 殻に 7 個)
　　　　(3) 0 個 (K 殻に 2 個，L 殻に 8 個，M 殻に 8 個)

2. 原子と電子配置

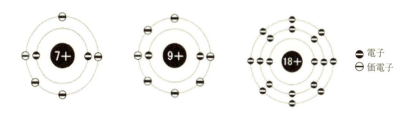

2.4 元素の周期表と分類

メンデレーエフやマイヤーは，元素の化学的性質と原子量の大きさを整理して周期表を発表した．その後，原子番号が発見されて，原子の構造と，性質のよく似た元素が現れる規則性が関連づけられた．この規則性を元素の**周期律** (periodicity) という．

化学的性質の似た元素が同じ縦の列に並ぶ表を元素の**周期表** (periodic table) という．周期表の縦の列を**族** (group) といい，1族から18族まである．横の行を**周期** (period) といい，第1周期から第7周期まである．周期表で同じ族に属する元素を**同族元素**という．同族元素は価電子の数が等しいため，よく似た性質を示す．

【例題7】 次の文中の空欄①〜⑪に，最もよくあてはまる語句を入れて文を完成させよ．

すべての元素を〔①〕の順に並べたものが周期表である．周期表から各元素の元素記号，名称，〔①〕や〔②〕などの情報が得られる．すべての元素は，金属元素と〔③〕に分類される．金属元素は約〔④〕種あり，周期表の左側に多い．非金属元素はすべて〔⑤〕元素である．

同族元素の中には，特別な名称でよばれるものがある．例えば，水素以外の1族元素を〔⑥〕，ベリリウムBe，マグネシウムMgを除く2族元素を〔⑦〕，17族元素をハロゲン，18族元素を〔⑧〕などという．また，周期表の中央部に位置する3〜11族の元素を〔⑨〕元素という．同じ周期の〔⑤〕元素では，原子番号の増加につれて〔⑩〕が1個ずつ増加し，元素の化学的性質が規則的に変化する．すなわち，〔⑤〕元素は，元素の周期律が典型的に現れる元素である．しかし，〔⑨〕元素は電子配置が複雑であるため，〔⑤〕元素のような周期的変化が顕著に現れない．

解答 ① 原子番号　② 原子量　③ 非金属元素　④ 90　⑤ 典型
⑥ アルカリ金属　⑦ アルカリ土類金属　⑧ 希ガス　⑨ 遷移　⑩ 価電子

◆ **演習問題 A** ◆

【問題 A-3】 右図は，ある原子の模式図である．次の(1)〜(3)の問いに答えよ．

(1) (a)〜(c)の粒子は何か．
(2) この原子の原子番号と質量数はそれぞれいくらか．
(3) この原子の元素記号は何か．

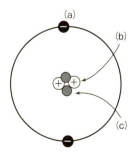

【問題 A-4】 次の表の空欄①～⑩に最もよくあてはまる数値や語句を入れよ.

	原子番号	質量数	電子の数	中性子の数	元素名
$^{23}_{11}Na$	①	②	③	④	⑤
$^{31}_{15}P$	⑥	⑦	⑧	⑨	⑩

◆ 演習問題 B ◆

【問題 B-3】 次の各原子について,下の (1)～(4) の問いに答えよ.

(a) $^{14}_{6}C$ (b) $^{17}_{8}O$ (c) $^{16}_{8}O$ (d) $^{24}_{12}Mg$ (e) $^{20}_{10}Ne$

(1) 電子の数が等しい原子をすべて選び,記号で答えよ.
(2) (b) と (c) の関係にある原子を互いに何というか.
(3) 原子核中の中性子の数が等しい原子をすべて選び,記号で答えよ.
(4) 最外殻電子の数と価電子の数が最も小さい原子をそれぞれ選び,記号で答えよ.

【問題 B-4】 塩素は,$^{35}_{17}Cl$ と $^{37}_{17}Cl$ の 2 種類の原子が 3:1 の割合で天然に存在する. 次の (1)～(4) の問いに答えよ.

(1) このように原子番号が同じで質量数の異なる原子を互いに何というか.
(2) 表の空欄①～⑧に最もよくあてはまる数値を入れよ.

	陽子の数	電子の数	中性子の数	質量数
$^{35}_{17}Cl$	①	②	③	④
$^{37}_{17}Cl$	⑤	⑥	⑦	⑧

(3) 天然に存在する塩素分子 Cl_2 には,質量の異なる分子が何種類あるか.
(4) 塩素分子のうち,$^{35}_{17}Cl$ と $^{37}_{17}Cl$ を 1 つずつ含む塩素分子が占める割合 (%) を小数点以下第 1 位まで求めよ.ただし,原子の結合のしやすさは等しいものとする.

【問題 B-5】 図に元素の周期表の輪郭を示す.次の (1)～(8) に該当する領域に最もよくあてはまる記号を,図中の A～H からすべて選び記号で答えよ.ただし,記号は複数回使用できることとする.

(1) アルカリ金属 (2) 希ガス (3) ハロゲン (4) 遷移元素
(5) 最も陽性の強い元素のある領域 (6) 最も陰性の強い元素のある領域
(7) 金属元素 (8) 非金属元素

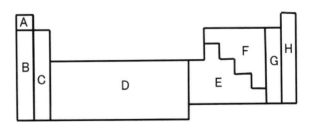

3. イオンの形成

3.1 陽イオンと陰イオン

　原子は，陽子の数と電子の数が等しく，全体としては電気的に中性である．しかし，原子が電子を放出したり受け取ったりすると，電荷のつり合いがくずれ，正 (+) または負 (−) の電荷をもつ粒子になる．このような電荷をもつ粒子を**イオン** (ion) という．原子が電子を放出して，正の電荷をもつイオンを**陽イオン** (cation)，原子が電子を受け取って，負の電荷をもつイオンを**陰イオン** (anion) という (図5)．元素記号を組み合わせて，物質を表した式を**化学式**といい，イオンを表す化学式を**イオン式**という (図6)．原子がイオンになるとき，放出または受け取った電子を**イオンの価数** (valence of ion) という．

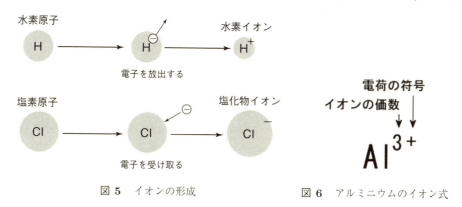

図 5　イオンの形成　　　　図 6　アルミニウムのイオン式

【例題8】　次の原子が電子を放出したり，受け取ったりして形成したイオンは陽イオンか陰イオンか答えよ．
　(1)　Na：電子を1個放出する　　(2)　O：電子を2個受け取る
　　解答　(1)　陽イオン Na^+　　(2)　陰イオン O^{2-}

3.2 イオンの電子配置

　ヘリウム He，ネオン Ne，アルゴン Ar などの原子は**希ガス**で，それらの電子配置が安定しており，イオンになることや他の原子と結合することはまれである．希ガスの最外殻電子のように他の原子と相互作用しない電子は，価電子とみなさない．したがって，希ガスの価電子数は0である．

　希ガス以外の原子は，いくつかの電子を放出または受け取って，希ガスと同じ電子配置になる傾向がある．1族のナトリウム Na 原子は，価電子を1個放出すると，ネオン Ne 原子と同じ電子配置のナトリウムイオン Na^+ になる (図7(a))．17族の塩素 Cl 原子は，価電子を7個もち，1個の電子を受け取ると，アルゴン Ar 原子と同じ電子配置の塩化物イオン Cl^- になる (図7(b))．

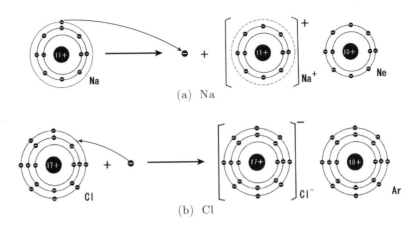

図 7　イオンの形成と電子配置

【例題 9】　次の文中の空欄①〜⑤に，最もよくあてはまる語句を入れて文を完成させよ．

原子番号 11 のナトリウムは，中性の状態で〔①〕個の電子をもっている．それらの電子は，K 殻に 2 個，L 殻に〔②〕個，M 殻に〔③〕個存在している．電子配置的安定状態になるためには，〔④〕になる必要がある．そのためには，電子を 1 個放出するか，電子を 7 個受け取ることが必要となる．ナトリウムの場合は，電子を 1 個放出する簡単な方法をとる．電子を 1 個放出したナトリウムの原子は，原子全体で〔⑤〕の電荷を有した 1 価の陽イオンとなる．

　　解答　① 11　　② 8　　③ 1　　④ 閉殻 (閉殻構造)　　⑤ 正

【例題 10】　原子番号 20 の Ca 原子は，どのようなイオンになりやすいか．

　　解答　Ca^{2+} (2 価の陽イオン)．安定な Ar 型の電子配置構造になろうとするため，$Ca \rightarrow Ca^{2+} + 2e^{-}$ の式のように，電子を 2 個放出して Ca^{2+} となる．

3.3　電気陰性度

真空中で原子から電子を取り去るのに要するエネルギーを**イオン化エネルギー** (ionization energy) といい，電子を 1 個取り去るエネルギーを**第 1 イオン化エネルギー**，2 個目の電子を取り去るエネルギーを**第 2 イオン化エネルギー**という．イオン化エネルギーが小さい原子は陽イオンになりやすい．電子が原子核から離れるほどに正電荷からの束縛が小さくなるため，原子から電子を取り去るために必要なエネルギーは小さくなる．一方，電子を取り込むときに放出したエネルギーを**電子親和力** (electron affinity) という．電子親和力の大きい原子は陰イオンになりやすい．電子親和力は，原子が電子を引き付ける力が強いほど大きなエネルギーとなる．

原子が電子を引き付ける力を**電気陰性度** (electronegativity) という．電気陰性度が大きいほど電子を引き付けて陰イオンになりやすい．

3. イオンの形成

【例題 11】 次の文中の空欄①~⑧に，最もよくあてはまる語句を入れて文を完成させよ．

電気陰性度の〔①〕原子は電子を〔②〕して陽イオンになりやすい．原子が1つ目の電子を放出して陽イオンになるときに必要な〔③〕を第1イオン化エネルギーという．

電気陰性度の〔④〕原子は，電子を奪って〔⑤〕になりやすい．原子が電子を奪って〔⑤〕になるときに〔⑥〕するエネルギーを〔⑦〕という．ハロゲンのように陰イオンになりやすい原子の電子親和力は〔⑧〕値をとることが多い．

解答 ① 小さな ② 放出 ③ エネルギー ④ 大きな ⑤ 陰イオン
⑥ 放出 ⑦ 電子親和力 ⑧ 大きな

◆ 演習問題 A ◆

【問題 A-5】 次の(ア)~(オ)の原子の電子配置について，下の(1)~(4)の問いに答えよ．

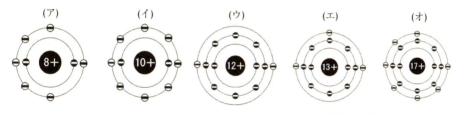

⊖● は1個の電子を示す

(1) (ア)~(オ)の原子の価電子数はそれぞれいくつか．
(2) 陽イオンになりやすい原子をすべて元素記号で答えよ．
(3) 陰イオンになりやすい原子をすべて元素記号で答えよ．
(4) 最も安定な電子配置をもち，化合物をつくらない原子を元素記号で答えよ．

【問題 A-6】 次の(1), (2)のイオンからなる物質の組成式を書け．
(1) Ca^{2+} と Cl^- (2) Al^{3+} と OH^-

【問題 A-7】 表中のリン酸マグネシウムのように，①~⑧に最もよくあてはまる組成式と名称を書け．

陽イオン \ 陰イオン	Cl^- 塩化物イオン	SO_4^{2-} 硫酸イオン	PO_4^{3-} リン酸イオン
NH_4^+ アンモニウムイオン	①	②	③
Mg^{2+} マグネシウムイオン	④	⑤	$Mg_3(PO_4)_2$ リン酸マグネシウム
Al^{3+} アルミニウムイオン	⑥	⑦	⑧

【問題 A-8】 マグネシウム原子の第 2 イオン化エネルギーは 1450.7 kJ mol^{-1} で，ナトリウム原子の第 2 イオン化エネルギー 4562.4 kJ mol^{-1} と比べ極めて小さい．この理由を説明せよ．

◆ 演習問題 B ◆

【問題 B-6】 次の (a)〜(e) の原子から形成される安定なイオンについて，下の (1), (2) の問いに答えよ．

　　　(a) Al　　(b) Cl　　(c) Ca　　(d) O　　(e) Br

(1) どのようなイオンになるか．イオン式と名称を答えよ．
(2) 各イオンと同じ電子配置をもつ希ガスは何か．それぞれの元素記号を答えよ．

【問題 B-7】 カルシウム原子の電子親和力 (2.4 kJ mol^{-1}) が，カリウム原子の電子親和力 (+48 kJ mol^{-1}) よりもずっと小さい理由を説明せよ．

4. 分　子

分子 (molecule) は，その物質固有の性質を示す最も小さい基本粒子である．分子は 1 個以上の原子が集まったものである．ヘリウム He などの希ガス原子は，1 個の原子でも分子と同じように振る舞うので**単原子分子**という．水素や酸素などは，2 個の原子が結合した安定な粒子として存在し，**二原子分子**という．水分子 (酸素原子 1 個と水素原子 2 個) のように，3 個の原子からできている分子を**三原子分子**という．

4.1 分子の生成

水素原子は，K 殻に 1 個の価電子をもち，安定な He 原子よりも電子が 1 個不足している．2 個の水素原子が互いに 1 個の価電子を出し合い，2 個の電子を共有すれば，それぞれの原子は安定な He 原子と同じ電子配置となる．このようにして，2 個の水素原子は電気的に中性な状態で結び付き，1 つの水素分子を生成する．2 個の共有された電子は，**共有電子対** (covalent electron pair) という (図 8)．

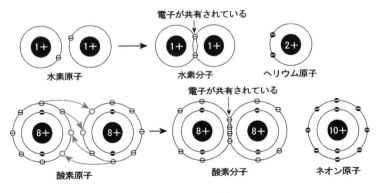

図 8　分子の形成

4. 分　子

また，酸素原子は，L 殻に 6 個の価電子をもち，安定な Ne 原子よりも電子が 2 個不足している．2 個の酸素原子が互いに 2 個の価電子を出し合い，4 個の電子を共有すれば，それぞれの原子は安定な Ne 原子と同じ 8 個の電子配置になり，酸素分子が生成する (図 8).

【例題 12】 次の文中の空欄①〜④に，最もよくあてはまる語句を入れて文を完成させよ．

塩化ナトリウムでは，ナトリウム原子は〔①〕個の電子を失い，塩素原子は〔②〕個の電子を受け取って，それぞれ〔③〕原子，〔④〕原子と同じ電子配置のイオンとなる．

　　解答　① 1　　② 1　　③ ネオン (Ne)　　④ アルゴン (Ar)

4.2　原子価

ある原子が最大何個の水素原子と共有結合できるかを示す数を，その原子の**原子価** (valence) という (表 3).

表 3　おもな原子の原子価

原子	水素 H	塩素 Cl	酸素 O	窒素 N	炭素 C
原子価	1	1	2	3	4

【例題 13】 次の (1)〜(4) の元素の原子価はいくつか．
(1) 水素：H　　(2) 炭素：C　　(3) 窒素：N　　(4) 酸素：O

　　解答　(1) 1　　(2) 4　　(3) 3　　(4) 2

◆ 演習問題 A ◆

【問題 A-9】 次の (1)〜(5) のイオンと同じ電子配置をもつ希ガス元素は何か．元素記号を示せ．
(1) F^-　　(2) Li^+　　(3) Mg^{2+}　　(4) Cl^-　　(5) O^{2-}

【問題 A-10】 次の (1)〜(5) の元素の原子価はそれぞれいくつか．
(1) Be　　(2) N　　(3) F　　(4) Al　　(5) S

◆ 演習問題 B ◆

【問題 B-8】 次の (1)〜(5) のイオンと同じ電子配置をもつ希ガス元素は何か．元素記号を示せ．
(1) Br^-　　(2) Ca^{2+}　　(3) Al^{3+}　　(4) I^-　　(5) S^{2-}

【問題 B-9】 問題 B-8 の (1)〜(5) のイオンの電子数はそれぞれいくつか．

5. 物質の表し方：化学式

物質を構成する原子の種類や割合を元素記号で表した式を**化学式** (chemical formula) といい，いろいろな種類がある (表 4)．

① **分子式** 分子を表した式を分子式といい，1 つの分子を構成する原子の種類と数を元素記号で表す．例えば，二酸化炭素の分子式は CO_2 であるが，これは 1 個の炭素原子と 2 個の酸素原子から成り立っていることを表す．

② **イオン式** イオンを表す式

③ **組成式** 物質を構成している原子またはイオンの種類と数の簡単な整数比を表した式を組成式という．イオンからなる物質，金属，共有結合結晶など，分子をつくらない物質で用いられる．

④ **構造式** 分子中の原子がどのように結び付いているか，結合状態を価標で表した式を構造式という．価標は，結合 1 つあたり 1 本の線で示す．

⑤ **示性式** 官能基を明示した式を示性式という．

⑥ **電子式** 分子などを構成する原子のまわりに最外殻電子がどのように存在するかを表した式を電子式という．電子は点で表す．

表 4 化学式の種類

	水	メタノール	酢酸	塩化カリウム
分子式	H_2O	CH_4O	$C_2H_4O_2$	—
組成式	H_2O	CH_4O	CH_2O	KCl
構造式	H–O–H	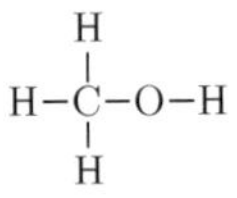 H–C(H)(H)–O–H	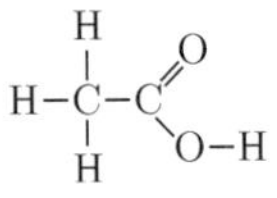 H–C(H)(=O)–O–H	—
示性式	H_2O	CH_3OH	CH_3COOH	—
電子式	 H:O:H	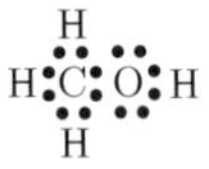 H:C:O:H (with H above and below)	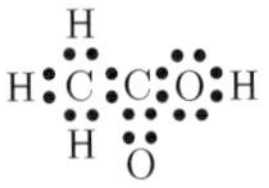 H:C:C:O:H (with H, O around)	 K:Cl:

【例題 14】 次の (1)～(4) の物質の分子式を書け．
(1) 一酸化炭素 (2) メタン (3) 塩化水素 (4) 二酸化硫黄

解答 (1) CO (2) CH_4 (3) HCl (4) SO_2

5. 物質の表し方：化学式

◆ 演習問題 A ◆

【問題 A-11】 次の (1)〜(4) の物質について, (1) と (2) は組成式, (3) と (4) は分子式と示性式をそれぞれ書け.

 (1) 硝酸銀 (2) 水酸化カルシウム (3) エタノール (4) 酢酸エチル

【問題 A-12】 次の (1)〜(3) に示す化合物の組成式を書け.

 (1) 医療用ギプスに使われるセッコウ (硫酸カルシウム)

 (2) 水に溶かすと発熱するため, 食品の加熱にも使われる生石灰 (酸化カルシウム)

 (3) 旧約聖書に出てくる炭酸ソーダという洗剤 (炭酸ナトリウム)

◆ 演習問題 B ◆

【問題 B-10】 次の (1)〜(4) の物質の分子式と構造式を書け.

 (1) メタノール (2) グルコース (3) フッ化水素 (4) アセチレン

II編 化学の基礎

1. 化学結合

ケミカルアブストラクトのデータベースに登録されている物質数は，現在7000万を超える．しかし，それらを構成している元素は，放射性元素を除くとわずかに85種類ほどに限られている．このような物質の多様性は，原子，分子，イオンなどが化学結合で互いに結び付いていることに基づいている．

1.1 イオン結合とイオン結晶

イオン結合 (ionic bond) は，電子を放出した陽イオンと電子を受け取った陰イオンが**クーロン力 (静電気力)** で結合している (図1)．一般に，イオン結合はイオンの価数が大きいほど，またイオン半径が小さいほど強くなる．

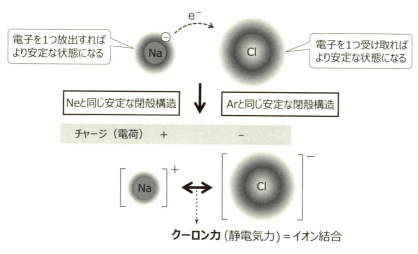

図1　イオン結合

イオン結晶 (ionic crystal) 中では，陽イオンと陰イオンが規則的に配列している．陽イオンと陰イオンの間に働くクーロン力には方向性がなく，両イオンが互いに取り囲んでいる．イオン間に働くクーロン力はかなり強いために，イオン結晶は硬く，融点，沸点の高いものが多い．また，電子はイオン結晶中を自由に移動できないため，結晶はふつう電気伝導性をもたない．しかし，高温でイオン結晶を溶融して液体にすると，電気伝導性を示す．

イオン結晶中に特定の分子としての区切りはなく，陽イオンと陰イオンが電荷をちょ

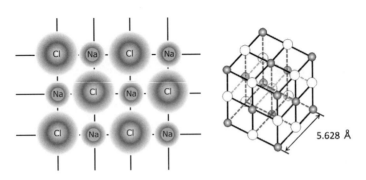

図 2　NaClの結晶構造

うど打ち消し合う一定の比で存在している．このため，図 2 に示す NaCl のようなイオン結晶の化学式は，成分元素の最も簡単な整数の組成比で示す．

【例題 1】 次の (1)〜(5) の陽イオンと陰イオンの組合せからできる化合物の組成式と名称を答えよ．

(1) K^+ と OH^-　　(2) NH_4^+ と Cl^-　　(3) Mg^{2+} と O^{2-}

(4) Mg^{2+} と Cl^-　　(5) Fe^{3+} と S^{2-}

解答　(1) K^+ と OH^- はともに 1 価のイオンで，KOH　水酸化カリウム

(2) NH_4^+ と Cl^- はともに 1 価のイオンで，NH_4Cl　塩化アンモニウム

(3) Mg^{2+} と O^{2-} はともに 2 価のイオンで，MgO　酸化マグネシウム

(4) Mg^{2+} は 2 価の陽イオン，Cl^- は 1 価の陰イオンで，2 価の陽イオンと電荷がつり合うように，1 価の陰イオンは 2 個必要で，$MgCl_2$　塩化マグネシウム

(5) Fe^{3+} は 3 価の陽イオン，S^{2-} は 2 価の陰イオンで，電荷がつり合うように 3 価の陽イオンは 2 個，2 価の陰イオンは 3 個必要で，Fe_2S_3　硫化鉄 (III)

1.2　金属結合と金属結晶

金属固体内では正の電荷を帯びた金属原子 (陽イオン) が規則正しく配列し，電子はそのまわりを自由に動き回り (**自由電子**)，すべての原子に共有されて原子を互いに結び付ける (図 3)．自由電子による金属原子間の結合を**金属結合** (metallic bond) という．原子が規則正しく配列してできた固体を**金属結晶** (metallic crystal) という．

図 3　金属結合

1. 化学結合

金属結晶中の原子配列は，体心立方格子，面心立方格子，六方最密充填構造などのごく限られたパターンに分類できる．

【例題2】 次の文中の空欄①〜④に，最もよくあてはまる語句を入れて文を完成させよ．

自由電子は，特定の〔 ① 〕の間に固定されているのではなく，固体全体に広がって運動しながら，金属原子どうしを結び付ける．このように自由電子を仲立ちとする金属原子の結合を〔 ② 〕という．金属の単体では，金属原子が規則正しく3次元に配列し，〔 ③ 〕をつくっている．結晶構造の最小繰り返し単位の構造を〔 ④ 〕という．

解答　① 原子　② 金属結合　③ 金属結晶　④ 単位格子

【例題3】 1つの原子に隣接する原子の数を配位数という．次の(1)〜(3)に示す金属結晶の格子の名称と配位数を答えよ．

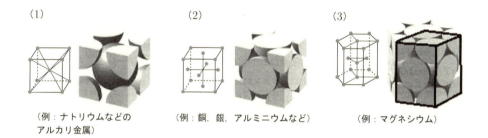

(1) （例：ナトリウムなどのアルカリ金属）　(2) （例：銅，銀，アルミニウムなど）　(3) （例：マグネシウム）

解答　(1) 体心立方格子，8　(2) 面心立方格子，12
　　　(3) 六方最密充填構造，12

1.3 共有結合と配位結合

結合する原子どうしが互いに電子を出し合い，両原子がそれらの電子を共有して生じる化学結合を**共有結合** (covalent bond) という (図4)．なお，結合に関与していない電子対を**非共有電子対**という．2原子分子の水素や窒素は，2つの原子が共有結合してできている．固体中の原子が次々に共有結合してできる結晶を**共有結合結晶**という．共有結合結晶は，融点が比較的高く，極めて固いという特徴を有する．

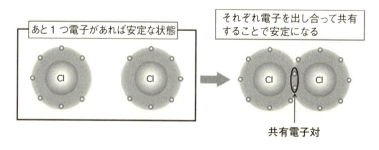

図4　共有結合

【例題4】 次の文中の空欄①〜⑦に，最もよくあてはまる語句を入れて文を完成させよ．

水素原子は，電子〔①〕個を最外殻にもっているので，電子をもう1つ得ることができれば，安定な〔②〕原子と同じ電子配置になる．また，電気陰性度が中程度で差のない水素原子どうしは，互いに正負の電荷を帯びて結合する〔③〕結合を形成するのは難しい．そこで，いずれの水素原子も〔②〕原子と同じ電子配置になるように，〔④〕個の電子を共有して，単独の原子でいるよりもエネルギー的に安定な〔⑤〕ができる．この〔⑤〕を形成した結合を〔⑥〕結合という．二原子分子だけでなく，電気陰性度が中程度で差が小さい〔⑦〕原子と水素原子からなる有機化合物中の結合の多くは，〔⑥〕結合である．

解答　① 1　② ヘリウム (He)　③ イオン　④ 2　⑤ 分子　⑥ 共有　⑦ 炭素

ある原子やイオン，または原子団がもつ非共有電子対を別の原子に供与し，その原子が非共有電子対を受容することによって生じる結合を**配位結合** (coordination bond) という (図5)．

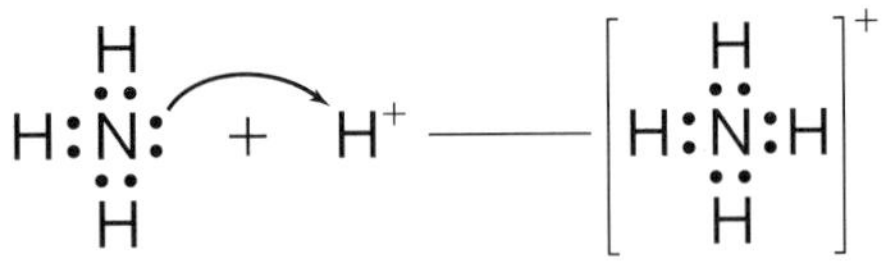

図5　アンモニウムイオンの形成

【例題5】 次の文中の空欄①〜②に，最もよくあてはまる語句を入れて文を完成させよ．

配位結合が生じるためには，ある原子または原子団が〔①〕をもつことと，〔①〕を〔②〕する原子などが存在する必要がある．

解答　① 非共有電子対　② 受容

1.4　結合の極性

分子は一般に多様な形をしている．例えば，二酸化炭素と水はいずれも3原子で構成されている．しかし，二酸化炭素は3原子が直線的に結合しており，水は折れ曲がった形をしている (図6)．

また，異なる原子間での共有結合では，電気陰性度の大きい原子の方に共有電子対が引き寄せられる．このため，両原子間に電気的な偏りを生じ，共有結合の**極性** (polarity) が生じる．直線分子の二酸化炭素のように，結合間に極性があっても分子内で極性を打ち消し合う分子は，全体として極性がなくなり**無極性分子** (nonpolar molecule) となる．一方，水のように極性が残る分子を**極性分子** (polar molecule) という．

1. 化学結合

共有電子対の電荷が偏る

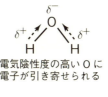
電気陰性度の高いOに電子が引き寄せられる

O=C=O
直線分子であるため，極性が打ち消される

図 6　分極

【例題 6】 次の (1), (2) の分子は極性分子か，または無極性分子か答えよ．
(1) HCl　　(2) H_2

解答　結合している部分の電気陰性度の差から極性を見分ける．
(1) HとClの電気陰性度はそれぞれ 2.1 と 3.0 である．その差は $3.0 - 2.1 = 0.9$ で，電子は Cl に偏っている．したがって，HCl は極性分子．
(2) Hどうしの電気陰性度の差は 0 である．したがって，H_2 は無極性分子．

1.5　分子間力

電気陰性度の大きい原子に水素原子が介在して生じる結合を**水素結合** (hydrogen bond) という．水素結合が存在する液体の分子は，分子量が同じ程度で水素結合のない分子よりも沸点が高い．極性をもたない分子間では，**ファンデルワールス力** (van der Waals force) という弱い力が働いている．水素結合やファンデルワールス力のように，分子間に働く弱い相互作用を**分子間力** (intermolecular force) という．分子間力によって分子が規則正しく配列した結晶を**分子結晶** (molecular crystal) という．

【例題 7】 フッ素，塩素は電気陰性度が大きく，水素結合を形成する化合物を与える．フッ素，塩素を含み，水素結合を形成すると考えられる化合物をそれぞれ 1 つずつ書け．

解答　フッ化水素 HF，塩化水素 HCl

【例題 8】 Br_2，F_2，I_2，Cl_2 の分子をファンデルワールス力の大きい順に並べよ．

解答　構造が同じ分子では，分子量の大きい分子ほどファンデルワールス力は強い．したがって，$I_2 > Br_2 > Cl_2 > F_2$ となる．

◆ 演習問題 A ◆

【問題 A-1】 1辺が 5.63×10^{-8} cm の塩化ナトリウム結晶の密度を求めよ．ただし，原子量は Na = 23.0, Cl = 35.5, アボガドロ定数 $N_A = 6.02 \times 10^{23}$ mol^{-1} とする．有効数字 3 桁で答えよ．

【問題 A-2】 体心立方格子の結晶構造の充填率を有効数字 2 桁で求めよ．

【問題 A-3】 次の (1)～(6) の分子 1 個に含まれる非共有電子対は，それぞれ何対あるか．

(1) HCl　(2) H_2O　(3) O_2　(4) C_2H_2　(5) NH_3
(6) CH_3COOH

【問題 A-4】 次の (1)～(4) の元素の組のうち，どちらがより電気的に陰性か．

(1) F と H　(2) Si と O　(3) Li と H　(4) C と O

【問題 A-5】 次の (1)～(4) の分子を極性分子と無極性分子に分類せよ．

(1) Cl_2　(2) NH_3　(3) CH_4　(4) C_6H_6

【問題 A-6】 分子間力で結晶を形成する化合物の名称を 3 つ書け．

◆ 演習問題 B ◆

【問題 B-1】 銅の結晶構造 (面心立方格子) について，次の (1)～(4) の問いに答えよ．ただし，原子量は Cu = 63.5 とする．

(1) 単位格子中に含まれる原子は何個か．
(2) 銅の単位格子の 1 辺の長さを a として，銅原子の半径 r を求めよ．
(3) 単位格子の体積を，銅原子の半径 r で表せ．
(4) 単位格子あたりの質量を求めよ．

【問題 B-2】 ある金属の結晶構造は面心立方格子で，1 辺が 4.00×10^{-8} cm である．次の (1)～(5) の問いに答えよ．ただし，この金属の密度は 6.80 g cm^{-3}，アボガドロ定数 $N_A = 6.02 \times 10^{23}$ mol^{-1} とする．

(1) この金属原子の半径はいくらか．
(2) この金属原子 1 個の質量は何 g か．
(3) この金属の原子量はいくつか．
(4) この金属結晶に力を加えたところ，体心立方格子に結晶構造が変化した．この体心立方格子の 1 辺の長さは何 cm か．ただし，金属原子の半径は変化しなかったとする．
(5) (4) の体心立方格子になった金属の密度はいくつか．

【問題 B-3】 次の (1)～(3) の分子で，各原子の電子配置はいずれの希ガスと同じか．

(1) HBr　(2) NH_3　(3) H_2S

【問題 B-4】 次の (1)～(3) の物質について，特定の原子間の結合を価標 (−) で示す．特定した原子上にある電荷の偏りを δ^- と δ^+ で示せ．

(1) H_3C-OH　(2) H_2N-H　(3) H_3C-Li

【問題 B-5】 エタノール C_2H_5OH とアセトン CH_3COCH_3 の沸点は，それぞれ 78.3°C と 56.3°C である．エタノールはアセトンと比較して分子量が小さいにもかかわらず，沸点が高いのはなぜか．

2. 物質量と化学式

2.1 相対質量

原子の質量は，粒子をイオン化させて測定する質量分析計を用いて，電荷との比から正確に決めることができる．質量数 1 の水素原子 ^{1}H の質量は 1.67×10^{-27} kg で，^{12}C 原子 1 個の質量は 1.99×10^{-26} kg である．このように，原子 1 個の質量を kg で表すと，10^{-27} や 10^{-26} の桁になるほど極めて小さい．そこで，原子の質量を扱うときには，質量数 12 の炭素原子 ^{12}C の質量を基準値 12 とする相対的な値で示す．この相対値を**相対質量** (relative mass) という．したがって，^{12}C の相対質量は 12 で，基準値に等しい．

【例題 9】 ^{1}H 原子の相対質量を求めよ．

解答　^{1}H 原子の相対質量 $= 12 \times \dfrac{^1\text{H 原子 1 個の質量}}{^{12}\text{C 原子 1 個の質量}} = 12 \times \dfrac{1.67 \times 10^{-27}}{1.99 \times 10^{-26}} = 1.01$

2.2 原子量

元素には同位体が存在する (表 1)．そこで，元素の相対質量は，各同位体の相対質量に存在比を掛けて求めた平均値で表す．これを，その元素の**原子量** (atomic weight) という．原子量は相対値で，単位のない無名数である．例えば，天然の塩素は，^{35}Cl と ^{37}Cl の同位体を含んでおり，それぞれ ^{35}Cl が 75.76%，^{37}Cl が 24.24%存在する．したがって，塩素の原子量は

$$\text{塩素の原子量} = 35.0 \times \frac{75.76}{100} + 37.0 \times \frac{24.24}{100} \cong 35.5$$

となる．

表 1　同位体の存在率

元素名	同位体	相対質量	存在率 (%)
炭素	^{12}C	12 (基準)	98.93
	^{13}C	13.00	1.07
塩素	^{35}Cl	34.96885	75.76
	^{37}Cl	36.96590	24.24

【例題 10】 炭素の原子量は概数値として 12 とされ計算などに利用される．しかし，同位体が存在し，その相対質量と存在率は表 1 の通りである．これをもとに炭素の原子量を小数点以下 2 桁まで求めよ．

解答　　炭素の相対質量 $= {}^{12}$C の相対質量 $\times {}^{12}$C の存在率

$\qquad\qquad\qquad + {}^{13}$C の相対質量 $\times {}^{13}$C の存在率

$\qquad\qquad = 12.00 \times 0.9893 + 13.00 \times 0.0107$

$\qquad\qquad = 12.01$

2.3 分子量

分子量 (molecular weight) は，分子を構成する個々の原子の原子量の総和である．例えば，二酸化炭素 CO_2 の分子量は

$$CO_2 \text{の分子量} = (C \text{の原子量}) \times 1 + (O \text{の原子量}) \times 2$$
$$= 12 \times 1 + 16 \times 2 = 44$$

となる．

【例題11】 次の (1)〜(4) の物質の分子量を求めよ．ただし，原子量は $H = 1.0$, $C = 12$, $N = 14$, $O = 16$ とする．

 (1) CO   (2) H_2O (3) NH_3 (4) HNO_3

 解答 (1) $12 + 16 = 28$ (2) $1.0 \times 2 + 16 = 18$ (3) $14 + 1.0 \times 3 = 17$
 (4) $1.0 + 14 + 16 \times 3 = 63$

2.4 式 量

塩化ナトリウム，銅，ダイヤモンドなどの化学式は，組成式で表される．このような物質の相対質量は，組成式で与えられ，**式量** (formula weight) という．例えば，塩化ナトリウム NaCl の式量は

$$\text{NaCl の式量} = (\text{Na の原子量}) \times 1 + (\text{Cl の原子量}) \times 1$$
$$= 23.0 \times 1 + 35.5 \times 1 = 58.5$$

となる．

イオンの式量はイオン式に基づいて決める．電子の質量は原子核の質量に比べて極めて小さいので，イオンになって電子が増減しても無視する．

2.5 アボガドロ数

^{12}C 原子 1 個の質量は 1.99×10^{-23} g である．^{12}C の相対質量を 12 として原子量の基準値にする．したがって，^{12}C の 12 g 中に含まれる ^{12}C 原子の個数は

$$\frac{12}{1.99 \times 10^{-23}} \cong 6.02 \times 10^{23}$$

となる．この数を**アボガドロ数** (Avogadro constant) という．

【例題12】 水分子 1 個の質量は 3.0×10^{-23} g である．水 18 g が含む H_2O 分子の数を求めよ．

 解答 水 18 g (1 mol) に含まれる H_2O 分子の個数は，$18 \text{ g}/(3.0 \times 10^{-23} \text{ g}) = 6.0 \times 10^{23}$ 個である．

2. 物質量と化学式

2.6 物質量

アボガドロ数 (6×10^{23}) 個の粒子の集団を **1 mol** (モル) という．mol を単位として表した物質の量を**物質量** (amount of substance) という．

また，1 mol あたりの粒子の数 6×10^{23} mol^{-1} を**アボガドロ定数** (記号 N_A) という．物質量は，粒子数とアボガドロ定数を使うと

$$物質量 = \frac{粒子数}{アボガドロ定数}$$

となる (図 7)．

粒子の集まり			
粒子数	原子 1 個	原子 6×10^{23} 個	原子 $2 \times 6 \times 10^{23}$ 個
物質量	$\frac{1}{6} \times 10^{-23}$ mol	1 mol	2 mol

図 7 物質量の概念

【例題 13】 二酸化炭素 (CO_2) 4.4 g は何 mol か．また，この二酸化炭素は，炭素原子と酸素原子をそれぞれ何個ずつ含むか．ただし，原子量は C = 12，O = 16，アボガドロ定数 $N_A = 6.0 \times 10^{23}$ mol^{-1} とする．

解答 CO_2 の分子量は $12 + 2 \times 16 = 44$．よって，CO_2 4.4 g は $4.4/44 = 0.10$ mol になる．CO_2 中の炭素原子は $(6.0 \times 10^{23}) \times 0.10 = 6.0 \times 10^{22}$ 個．CO_2 中の酸素原子は $(6.0 \times 10^{23}) \times 0.20 = 1.2 \times 10^{23}$ 個．

2.7 モル質量

物質 1 mol あたりの質量を**モル質量**といい，原子量，分子量，式量の数値に単位 g mol^{-1} を掛けた量である．炭素原子 1 mol の質量は，1 個あたり 2×10^{-23} g の原子を 6×10^{23} 個集めた分の質量だから 12 g になる．したがって，炭素のモル質量は，無名数の原子量に g mol^{-1} を掛けた量で 12 g mol^{-1} である．この関係を図 8 に示す．

分子のモル質量は，分子の 6×10^{23} 個あたりの質量である．例えば，水の分子量は 18 で，モル質量は 18 g mol^{-1} である．

【例題 14】 純鉄 28 g の物質量を求めよ．ただし，鉄の原子量は 56 とする．

解答 鉄の物質量は 28 g/56 g mol^{-1} = 0.50 mol となる．

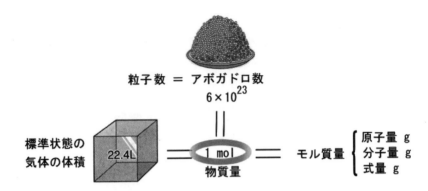

図 8 物質量・質量・体積・粒子数の関係

物質量を表すとき，構成粒子 (原子，分子，イオン) の種類に注意する必要がある．例えば，水素 1 mol は単体の水素分子 1 mol を示し，この中には水素原子 2 mol が含まれる．

2.8 気体の体積と密度

すべての気体は，同温・同圧で同体積中に同数の分子を含む．これは，気体の種類に関係しない．物質量が 1 mol の気体は，0°C, 1 気圧 (1.013×10^5 Pa) で 22.4 L を占める．0°C, 1 気圧を**標準状態**という．

【例題 15】 1.2×10^{23} 個の酸素分子の物質量と，標準状態での体積を求めよ．ただし，アボガドロ定数 $N_A = 6.0 \times 10^{23}$ mol^{-1} とする．

解答 $N_A = 6.0 \times 10^{23}$ mol^{-1} だから，与えられた酸素の物質量は $(1.2 \times 10^{23})/(6.0 \times 10^{23}) = 0.20$ mol となる．

1 mol の気体は 22.4 L を占めるので，この酸素の体積は $0.20 \times 22.4 = 4.5$ L となる．

気体の体積 1 L あたりの質量を**気体の密度** (まれに濃度という) を

$$気体の密度\,[\mathrm{g\,L^{-1}}] = \frac{気体の質量\,[\mathrm{g}]}{気体の体積\,[\mathrm{L}]}$$

で表す．

【例題 16】 標準状態における窒素の密度を求めよ．ただし，窒素の分子量は 28.0 とする．

解答 気体の密度は (気体の質量)/(気体の体積) である．1 mol の気体は，標準状態で 22.4 L を占める．分子量から窒素 1 mol は 28.0 g だから，28.0 g/22.4 L = 1.25 g L^{-1} である．

2. 物質量と化学式

2.9 溶液の濃度

水のように他の物質を溶かす液体を**溶媒**，食塩のように溶け込むものを**溶質**，食塩水のように溶媒と溶質が均一に混ざり合った液体を**溶液**という．溶液に溶けている溶質の割合を**濃度**という．

(1) 質量パーセント濃度

溶液中に含まれる溶質の質量の割合をパーセントで表した濃度である．

$$\text{質量パーセント濃度 [\%]} = \frac{\text{溶質の質量 [g]}}{\text{溶液の質量 [g]}} \times 100$$

【例題 17】 塩化ナトリウム 75.0 g を水 150 g に溶かした水溶液の質量パーセント濃度を求めよ．

解答 $75.0 \text{ g}/(75.0 + 150) \text{ g} = 75.0/225 = 0.333$ となる．したがって，質量パーセント濃度は 33.3% である．

(2) モル濃度

溶液 1 L 中に含まれる溶質の物質量を表した濃度である．

$$\text{モル濃度 [mol L}^{-1}\text{]} = \frac{\text{溶質の物質量 [mol]}}{\text{溶液の体積 [L]}}$$

【例題 18】 50 g の硫酸が溶けている 200 g の水溶液がある．この硫酸水溶液 (密度は 1.2 g L^{-1}) のモル濃度を求めよ．ただし，分子量は $H_2SO_4 = 98$ とする．

解答 質量パーセント濃度は $\frac{50}{200} \times 100 = 25\%$ である．密度より，溶液 1 L の質量は $1.2 \times 1000 = 1200$ g となる．この中に H_2SO_4 は 25% 含まれているから，$1200 \times 0.25 = 300$ g となる．したがって，300 g が硫酸であるので，モル濃度は $\frac{300}{98} = 3.1 \text{ mol L}^{-1}$ となる．

◆ 演習問題 A ◆

【問題 A-7】 ^{12}C 原子 1 個の質量を 1.993×10^{-23} g として，次の (1), (2) の問いに答えよ．ただし，相対質量の基準は ^{12}C を 12 とする．

(1) ^{16}O 原子 1 個の質量は 2.657×10^{-23} g である．^{16}O の相対質量はいくつか．

(2) ^{15}N の相対質量は 15.00 である．^{15}N 原子 1 個の質量はいくつか．

【問題 A-8】 次の (1)〜(5) の物質の分子量または式量を求めよ．ただし，原子量は $H = 1.0$, $C = 12$, $N = 14$, $O = 16$, $S = 32$, $Ca = 40$ とする．

(1) 窒素 N_2　(2) メタン CH_4　(3) 硫酸 H_2SO_4　(4) 硝酸イオン NO_3^-
(5) 水酸化カルシウム $Ca(OH)_2$

【問題 A-9】 次の (1)〜(4) の問いに答えよ．ただし，原子量は $H = 1.0$, $C = 12$, $O = 16$, $Mg = 24$, $Cl = 35.5$, アボガドロ定数 $N_A = 6.02 \times 10^{23} \text{ mol}^{-1}$ とする．

(1) 水 90 g の物質量は何 mol か．
(2) 水 90 g が含む水分子は何個か．
(3) 1.5×10^{23} 個の二酸化炭素分子の物質量は何 mol か．
(4) 塩化マグネシウム 19 g の物質量と，その中に含まれる Mg^{2+} と Cl^- の個数を求めよ．

【問題 A-10】 $0.50\ \mathrm{mol\,L^{-1}}$ のグルコース水溶液 200 mL は，何 mol のグルコースを含むか．

【問題 A-11】 質量パーセント濃度 40% の希硫酸 (密度 $1.3\ \mathrm{g\,cm^{-3}}$) のモル濃度を求めよ．ただし，硫酸 H_2SO_4 の分子量は 98 とする．

【問題 A-12】 次の (1)〜(3) の文中の空欄にあてはまる数値を入れよ．ただし，原子量は $H = 1.0$，$N = 14$，$O = 16$，$Cl = 35.5$ とする．
(1) 1.5×10^{23} 個の酸素分子は，標準状態で〔 〕L を占める．
(2) 窒素 8.4 g と酸素 6.4 g の混合気体中の分子の数は〔 〕個である．
(3) 塩化水素 0.20 mol は〔 〕g であり，その体積は標準状態で〔 〕L である．

◆ 演習問題 B ◆

【問題 B-6】 同位体と元素の原子量に関する次の (1), (2) の問いに答えよ．
(1) ^{63}Cu と ^{65}Cu の天然存在率はそれぞれ 69% と 31% である．^{63}Cu と ^{65}Cu の相対質量を 63 と 65 として，Cu の原子量を求めよ．
(2) ホウ素の原子量は 10.8 である．^{10}B と ^{11}B の相対質量を 10.0 と 11.0 とすると，^{10}B の天然存在率は何 % か．

【問題 B-7】 次の (1)〜(3) の問いに答えよ．ただし，原子量は $C = 12$，$O = 16$ とする．
(1) 標準状態で，ある気体の密度が $2.5\ \mathrm{g\,L^{-1}}$ であった．この気体の分子量はいくつか．
(2) 標準状態で 5.6 L の二酸化炭素の物質量は何 mol か．
(3) 標準状態で，ある気体 1.4 L の質量が 1.0 g であった．この気体の分子量はいくつか．

【問題 B-8】 36.0 g のグルコース $C_6H_{12}O_6$ を水に溶かして 200 mL とした．この水溶液のモル濃度を求めよ．ただし，分子量は $C_6H_{12}O_6 = 180$ とする．

【問題 B-9】 $6.0\ \mathrm{mol\,L^{-1}}$ の水酸化ナトリウム NaOH 水溶液の密度は $1.2\ \mathrm{g\,cm^{-3}}$ である．この水溶液の質量パーセント濃度を求めよ．ただし，式量は $NaOH = 40$ とする．

【問題 B-10】 次の (1)〜(3) の問いに答えよ．ただし，原子量は $H = 1.0$，$C = 12$，$O = 16$，$Cl = 35.5$ とする．
(1) 標準状態における密度が $1.96\ \mathrm{g\,L^{-1}}$ の気体の分子量を求めよ．

(2) ある気体の質量は，同温・同圧で同体積の酸素の 2.22 倍であった．この気体の分子量を求めよ．

(3) 次の (a)〜(d) の気体を密度の小さい順に化学式で書け．
(a) 二酸化炭素　　(b) メタン　　(c) 酸素　　(d) 塩化水素

【問題 B-11】次の (1), (2) の水溶液のモル濃度を求めよ．ただし，式量や分子量は，NaOH = 40.0，NaCl = 58.5，H_2SO_4 = 98.0 とする．

(1) 10.0 g の水酸化ナトリウムを水に溶かして 200 mL とした水溶液

(2) 20.0％希硫酸 (密度 1.14 g cm^{-3})

3. 化学反応の量的関係

3.1 化学反応式

化学変化した物質とその物質量について前後関係がわかるように，係数をつけた化学式で表した式を **化学反応式** (chemical equation) または単に **反応式** という．例えば，メタンが酸素と反応して，二酸化炭素と水を生成する化学反応式は

$$CH_4 + 2O_2 \rightarrow CO_2 + 2H_2O$$

と表される．

化学反応式は，次の規則に従って書く．

(1) **反応物** (reactant) を → の左辺に，**生成物** (product) を → の右辺に書く．

(2) 化学反応の前後で元素の種類と数，すなわち物質量は変化しない．そこで，各元素の数が両辺で等しくなるように化学式の前に係数をつける．係数は，最も簡単な整数とし 1 は省略する．

【例題 19】次の化学反応式の係数 a, b, c, d を決めて，化学反応式を完成せよ．

$$a\,NH_3 + b\,O_2 \rightarrow c\,NO + d\,H_2O$$

解答　両辺にある原子の数は等しい．したがって

N 原子の数について，$a = c$

H 原子の数について，$3a = 2d$

O 原子の数について，$2b = c + d$

a を任意の数，例えば 1 とすると，$a = 1$，$c = 1$，$d = \frac{3}{2}$，$b = \frac{5}{4}$ となり，すべての係数を 4 倍すると整数になり，化学反応式

$$4NH_3 + 5O_2 \rightarrow 4NO + 6H_2O$$

が完成する．

3.2 化学反応式が表す量的変化

化学反応式は，反応の前後における物質の種類と物質量の変化を示す．

(1) 化学反応式中の各物質の係数の比は，物質量の比を表す．

(2) 気体の係数の比は，体積比に等しい．

化学反応式が表す量的変化を表 2 に示す．

表 2 化学反応式が表す量的変化

化学反応式	CH_4	$+ 2O_2$	$\to$	CO_2	$+ 2H_2O$
分子数の関係	1 分子	+ 2 分子	$\to$	1 分子	+ 2 分子
物質量の関係	1 mol	+ 2 mol	$\to$	1 mol	+ 2 mol
物質量に対応する分子数 (個)	6.0×10^{23}	$2 \times 6.0 \times 10^{23}$	$\to$	6.0×10^{23}	$2 \times 6.0 \times 10^{23}$
質量の関係 (g)	16	$+ 2 \times 32$	$\to$	44	$+ 2 \times 18$
	反応系の全量 80 g		$\to$	生成系の全量 80 g	
標準状態での体積の関係 (L)	気体 22.4	気体 2×22.4	$\to$	気体 22.4	+ 液体 0.036

【例題 20】 4.4 g のプロパン C_3H_8 の完全燃焼について，次の (1), (2) の問いに答えよ．ただし，分子量は $C_3H_8 = 44$, $O_2 = 32$, $CO_2 = 44$, $H_2O = 18$ とする．

(1) この反応で生成する水は何 g か．
(2) 完全燃焼に必要な酸素の体積は，標準状態で何 L か．

解答 (1) まず，プロパンの燃焼の反応式を書き，物質量の関係を調べる．

$$C_3H_8 + 5O_2 \to 3CO_2 + 4H_2O$$

プロパン 4.4 g の物質量は，プロパンのモル質量が 44 g mol^{-1} より

$$\frac{4.4 \text{ g}}{44 \text{ g mol}^{-1}} = 0.10 \text{ mol}$$

反応式の係数比から，$C_3H_8 : H_2O = 1 : 4$ (物質量比) である．水のモル質量が 18 g mol^{-1} だから，生成する H_2O の質量は

$$0.10 \text{ mol} \times 4 \times 18 \text{ g mol}^{-1} = 7.2 \text{ g}$$

となる．

(2) 反応式の係数比から，$C_3H_8 : O_2 = 1 : 5$ (物質量比) である．物質 1 mol の占める体積をモル体積という．すなわち，標準状態での気体 1 mol あたりの体積 (モル体積) は 22.4 L mol^{-1} より，完全燃焼に必要な O_2 の体積は

$$0.10 \text{ mol} \times 5 \times 22.4 \text{ L mol}^{-1} = 11.2 \text{ L}$$

となる．

3.3 イオン反応式

イオンが関係する反応で用いられる化学反応式である．反応にかかわるイオンのみの反応式で表す．例えば，水溶液中で硝酸銀 $AgNO_3$ と塩化ナトリウム $NaCl$ が反応して，塩化銀 $AgCl$ の沈殿が生成する化学反応の全体は

$$AgNO_3 + NaCl \rightarrow AgCl + NaNO_3$$

で表される．このうち，$AgCl$ の沈殿が生じる反応は Ag^+ と Cl^- の各イオンの間の反応で起きるので，イオン反応式によって

$$Ag^+ + Cl^- \rightarrow AgCl$$

と表される．

【例題 21】 鉄と塩化水素を反応させたところ，水素が発生し，塩化鉄 (II) が生成した (塩化鉄 (II) の (II) は鉄が 2 価であることを意味する)．この化学反応式と塩化鉄が生成するイオン反応式を書け．

解答　反応式：$Fe + 2HCl \rightarrow H_2 + FeCl_2$

イオン式：$Fe^{2+} + 2Cl^- \rightarrow FeCl_2$

◆ 演習問題 A ◆

【問題 A-13】 次の (1)〜(3) の化学反応式の係数を決めて，化学反応式を完成させよ．
(1) $Fe + O_2 \rightarrow Fe_2O_3$
(2) $C_2H_6O + O_2 \rightarrow CO_2 + H_2O$
(3) $Al + HCl \rightarrow AlCl_3 + H_2$

【問題 A-14】 3.2 g のメタノール CH_4O を完全燃焼させた．次の (1)〜(3) の問いに答えよ．ただし，原子量は H = 1.0，C = 12，O = 16 とする．
(1) この反応の化学反応式を書け．
(2) 二酸化炭素と水はそれぞれ何 g ずつ生成するか．
(3) 完全燃焼に必要な酸素の体積は，標準状態で何 L か．

【問題 A-15】 濃度が未知の塩化ナトリウム水溶液 20.0 mL に，十分な量の硝酸銀水溶液を加えたところ，1.53 g の塩化銀の沈殿を生じた．塩化ナトリウム水溶液のモル濃度を求めよ．ただし，原子量は Ag = 108，Cl = 35.5 とする．

【問題 A-16】 エチレン C_2H_4 を空気中で完全に燃焼させると，次のように二酸化炭素と水を生じる．

$$C_2H_4 + 3O_2 \rightarrow 2CO_2 + 2H_2O$$

5.6 g の C_2H_4 が完全燃焼するとき，生成する二酸化炭素の体積は，標準状態で何 L か．また，このとき反応する酸素分子の数はいくらか．アボガドロ定数 $N_A = 6.0 \times 10^{23}$ mol^{-1} とする．

◆ 演習問題 B ◆

【問題 B-12】 次の (1)〜(3) の化学変化を化学反応式で表せ．

(1) 亜鉛に希塩酸を加えると，水素が発生し，塩化亜鉛が生成する．
(2) アセチレン C_2H_2 を完全燃焼させると，二酸化炭素と水が生成する．
(3) 過酸化水素水 H_2O_2 に酸化マンガン (IV) を加えると，酸素と水が生成する．

【問題 B-13】 マグネシウム片 0.60 g を，$2.0 \, \text{mol L}^{-1}$ の希塩酸 40 mL と反応させた．次の (1), (2) の問いに答えよ．ただし，原子量は Mg = 24 とする．

(1) 発生する水素は，標準状態で何 L か．
(2) 反応後に残った希塩酸は，さらに何 g のマグネシウム片を溶解できるか．

【問題 B-14】 標準状態の窒素 2 L に十分な量の水素を完全に反応させてアンモニア NH_3 を合成するとき，反応する水素，生成するアンモニアは，標準状態でそれぞれ何 L か．

【問題 B-15】 過酸化水素水に酸化マンガンを入れると，次の反応によって酸素が発生する．次の (1), (2) の問いに答えよ．

$$2H_2O_2 \rightarrow 2H_2O + O_2$$

(1) 質量パーセント濃度が 3.0% の過酸化水素水 100 g 中の H_2O_2 のすべてが反応したとき，発生した酸素は標準状態で何 L か．
(2) 標準状態で 1.68 L の酸素を得るには，5.00% の過酸化水素水は何 g 必要か．

4. 理想気体の性質

気体の体積は，圧力や温度を変えると大きく変わる点が，液体や固体と異なる．理想気体の体積の変化は，気体の種類には依存しない．

4.1 気体の体積と圧力

温度が一定のとき，一定量の気体の体積は，圧力に反比例する．これを**ボイルの法則** (Boyle's law) という．気体の圧力を P，体積を V とすると，K_a を定数として一定温度では

$$PV = K_a \quad \cdots ①$$

が成り立つ．

温度一定のもとで，圧力 P_1，体積 V_1 の状態 (図 9 の A 点) にある気体を，圧力 P_2，体積 V_2 の状態 (B 点) に変えても，圧力と体積の積は一定

$$P_1 V_1 = P_2 V_2 = K_a$$

である．これをボイルの法則という．

4. 理想気体の性質

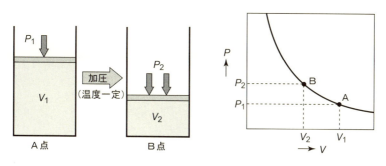

図 9　ボイルの法則

【例題 22】 27°C, 1.0×10^5 Pa の水素が 50 mL ある．温度一定のもとで 25 mL に圧縮すると，圧力は何 Pa になるか．

解答　温度一定なので，最初の状態を $P_1 = 1.0 \times 10^5$ Pa, $V_1 = 50$ mL, 圧縮後を $V_2 = 25$ mL として，P_2 を求める．

$$P_2 = \frac{P_1 V_1}{V_2} = \frac{(1.0 \times 10^5)(50)}{25} = 2.0 \times 10^5$$

したがって，圧縮後の圧力は 2.0×10^5 Pa となる．

4.2 気体の体積と温度

圧力が一定のとき，一定量の気体の体積は，その温度を 1°C 上昇させるごとに，0°C のときの体積の $\dfrac{1}{273}$ ずつ増加する．これを**シャルルの法則** (Charles' law) という．

0°C における体積を V_0, t °C における体積を V とすると

$$V = V_0 \left(1 + \frac{1}{273} t\right) \quad \cdots ②$$

式②を変形して，$T = t + 273$ を代入すると

$$V = V_0 \left(\frac{273 + t}{273}\right) = V_0 \frac{T}{273}$$

T は，セルシウス温度 (°C 目盛り) t の数値に 273 を加えた値で，**絶対温度**という．絶対温度の SI 単位は K (ケルビン) である (図 10)．

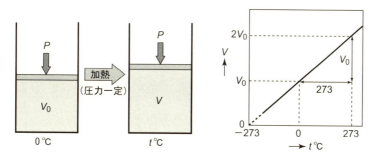

図 10　シャルルの法則

したがって，シャルルの法則は，「一定圧力で，一定量の気体の体積 V は，絶対温度 T に比例する」と表すこともできる．K_b を定数として

$$V = K_b T \qquad \cdots ③$$

$$K_b = \frac{V}{T} = \frac{V_0}{273}$$

が成り立つ．

【例題 23】 $0°C$，1.0×10^5 Pa で 200 mL の水素がある．圧力一定で，$100°C$ にすると体積は何 mL になるか．

解答 圧力一定なので，最初の状態を $T_1 = 0 + 273 = 273$ K，$V_1 = 200$ mL，$100°C$ は $T_2 = 100 + 273 = 373$ K として体積 V_2 を求めると

$$V_2 = \frac{V_1 T_2}{T_1} = \frac{200 \times 373}{273} = 273$$

となる．したがって，$100°C$ での体積は 273 mL である．

4.3 気体の体積と圧力と温度

一定量の気体の体積は，圧力に反比例し，絶対温度に比例する．この関係を**ボイル・シャルルの法則** (Boyle-Charles' law) といい，k を定数として表すと

$$V = k\frac{T}{P}, \qquad \frac{PV}{T} = k \qquad \cdots ④$$

となる．したがって，絶対温度 T_1，圧力 P_1，体積 V_1 の気体が，絶対温度 T_2，圧力 P_2，体積 V_2 になると，式④から

$$\frac{P_1 V_1}{T_1} = \frac{P_2 V_2}{T_2} \qquad \cdots ⑤$$

が得られる．

【例題 24】 ボイルの法則とシャルルの法則を用いて式⑤を証明せよ．

解答 図に示すように，ある状態 $(V_1\ P_1\ T_1)$ から別の状態 $(V_2\ P_2\ T_2)$ へ変化する途中で，$(V'\ P_2\ T_1)$ という中間の状態を経過するとして，ボイルの法則とシャルルの法則を適用する．

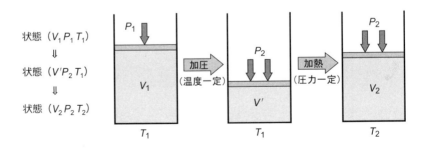

状態 $(V_1\ P_1\ T_1)$ → 状態 $(V'\ P_2\ T_1)$ の変化は温度一定で進むので，ボイルの法則により

$$P_1 V_1 = P_2 V', \quad V' = \frac{P_1 V_1}{P_2}$$

となる．また，状態 $(V'\ P_2\ T_1)$ → 状態 $(V_2\ P_2\ T_2)$ の変化は圧力一定で進むので，シャルルの法則により

$$\frac{V'}{T_1} = \frac{V_2}{T_2}, \quad V' = \frac{V_2 T_1}{T_2}$$

となる．この 2 つの式から

$$\frac{P_1 V_1}{P_2} = \frac{V_2 T_1}{T_2}$$

したがって，式⑤

$$\frac{P_1 V_1}{T_1} = \frac{P_2 V_2}{T_2}$$

が成り立つ．

4.4 気体定数

標準状態 $(T = 273\ \text{K},\ P = 1.013 \times 10^5\ \text{Pa}\ (1\ \text{atm}))$ にある 1 mol の気体の体積 $V = 22.4\ \text{L}$ である．それぞれ式④に代入して k を求めると

$$k = \frac{PV}{T}$$

$$= \frac{1.013 \times 10^5\ \text{Pa} \times 22.4\ \text{L mol}^{-1}}{273\ \text{K}} = 8.31 \times 10^3\ \frac{\text{L Pa}}{\text{K mol}}$$

$$= 8.31\ \frac{\text{m}^3\ \text{Pa}}{\text{K mol}} \left(= 0.0821\ \frac{\text{L atm}}{\text{K mol}}\right)$$

となる．この k を**気体定数** (gas constant) といい，R で表す．

式④は，気体 1 mol の体積を V_m とすると

$$V_\text{m} = R\frac{T}{P}, \quad \frac{PV_\text{m}}{T} = R \quad \cdots ④'$$

が成り立つ．

4.5 気体の状態方程式

アボガドロの法則によれば，「気体は同温・同圧で同体積中に同数の分子を含む」から，「同温・同圧で比べると，気体の体積はその中に含まれる分子数 (物質量) に比例する」．気体の物質量を n mol とすると

$$V = nV_\text{m} \quad \cdots ⑥$$

である．式④′に代入して

$$PV = nRT \quad \cdots ⑦$$

となる．これを**理想気体の状態方程式** (ideal gas equation) という．

気体の質量を w, 分子量を M とすると

$$n = \frac{w}{M}$$

である．したがって

$$PV = \frac{w}{M}RT \quad \cdots \text{⑦}'$$

となる．

【例題 25】 気体の状態方程式⑦を用いて，次の (1), (2) の問いに答えよ．ただし，気体定数 $R = 8.31 \times 10^3 \text{ L Pa K}^{-1}\text{mol}^{-1}$ とする．

(1) 10 L の容器に水素 2.0 mol を入れると，27°C で圧力は何 Pa か．
(2) 0°C, 1.2×10^5 Pa で 830 L の酸素の物質量は何 mol か．

解答 気体の状態方程式 $PV = nRT$ を用いる．

(1) $P = \dfrac{nRT}{V} = \dfrac{(2.0)(8.31 \times 10^3)(27 + 273)}{10} = 4.99 \times 10^5 \fallingdotseq 5.0 \times 10^5$ Pa

(2) $n = \dfrac{PV}{RT} = \dfrac{(1.2 \times 10^5)(830)}{(8.31 \times 10^3)(0 + 273)} = 43.9 \fallingdotseq 44$ mol

◆ 演習問題 A ◆

【問題 A-17】 27°C, 1.00×10^5 Pa で 100 mL を占める水素について，次の (1), (2) の問いに答えよ．

(1) 温度一定のまま圧縮して，圧力が 2.50×10^5 Pa になるときの体積は何 L か．
(2) ボイルの法則の定数 K_a はいくらか．

【問題 A-18】 0°C, 1.00×10^5 Pa で 100 mL の水素ガスがある．圧力一定のまま体積を 160 mL にするためには，気体の温度を何°C にする必要があるか．

【問題 A-19】 次の (1), (2) の問いに答えよ．

(1) ある気体 6.4 g は，27°C, 1.0×10^5 Pa で 3.6 L の体積を占める．この気体の分子量を求めよ．
(2) ある気体の密度は，27°C, 1.0×10^5 Pa で 3.2 g L^{-1} である．この気体の分子量を求めよ．

◆ 演習問題 B ◆

【問題 B-16】 27°C, 1.00×10^5 Pa で 50 L の気体がある．この気体を 50°C, 2.00×10^5 Pa にすると，体積は何 L になるか．

【問題 B-17】 680 mL の密閉真空容器の中に，揮発性の液体 1.6 g を注入して 67°C に保った．液体が完全に蒸発したとき，容器内の圧力は 9.0×10^4 Pa になった．液体の分子量を求めよ．

5. 化学反応と反応熱

5.1 反応熱

化学反応に伴って出入りする**熱量** (amount of heat) を**反応熱** (heat of reaction) という．すべての物質は，それぞれに決まったエネルギーをもっているので，化学反応によって物質が変化するとき，反応物がもつエネルギーの合計と，生成物のもつエネルギーの合計の差が熱として出入りする．

図 11 のように，黒鉛が燃える変化は熱を出す**発熱反応**である．また，水が蒸発するように熱を吸収する変化は**吸熱反応**である．水が蒸発する例のように，化学変化を伴わずに，状態が変化するだけの物理変化でも反応熱を伴う．熱エネルギーの単位は J (ジュール) である．

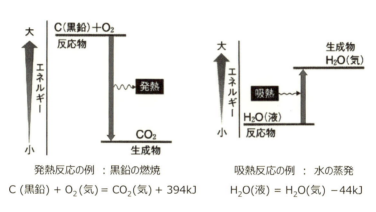

発熱反応の例： 黒鉛の燃焼　　　　　吸熱反応の例： 水の蒸発
C (黒鉛) + O_2 (気) = CO_2 (気) + 394 kJ　　　H_2O (液) = H_2O (気) − 44 kJ

図 11　発熱反応と吸熱反応のエネルギー

5.2 熱化学方程式

ふつうの化学反応式と反応熱を一緒に表して，熱の出入りに関しても反応系と生成系で等しくなるように表した方程式を**熱化学方程式** (thermochemical equation) という．ふつうの反応式と異なり，反応物と生成物の間には = を用いる．

熱化学方程式を立てる際に，3 つの規則がある．

(1) 着目する物質の係数が 1 となるように化学反応式を書く．そのために，他の物質の係数が分数になることもある．

(2) 着目する物質 1 mol あたりの反応熱を右辺に書き，発熱反応の場合には「+」，吸熱反応の場合には「−」の符号をつける．

(3) 反応熱は 25°C, 1.013×10^5 Pa (1 atm) のときの値を使う．物質の状態によって異なるので，化学式の後に (気) (液) (固) あるいは (g) (l) (s) をつける．

【例題 26】 次の (1), (2) の熱化学方程式の示す熱量は発熱反応か吸熱反応か.

(1)　$H_2(気) + \dfrac{1}{2} O_2(気) = H_2O(気) + 241.8 \text{ kJ}$

(2)　$H_2O(固) = H_2O(液) - 6.01 \text{ kJ}$

　　解答　熱化学方程式の熱量の符号に注目する.
　　(1)　発熱反応　　(2)　吸熱反応

【例題 27】 次の (1), (2) の反応における熱化学方程式を書け.

(1)　水素 (1 mol) と酸素 (0.5 mol) から水 (1 mol) ができるとき, 286 kJ の熱を出す.

(2)　メタン 1 mol の完全燃焼は 890 kJ の発熱反応である.

　　解答　熱化学方程式の3つの規則に従う.

(1)　$H_2(気) + \dfrac{1}{2} O_2(気) = H_2O(液) + 286 \text{ kJ}$

(2)　$CH_4(気) + 2O_2(気) = CO_2(気) + 2H_2O(液) + 890 \text{ kJ}$

5.3 反応の種類

反応熱は, 反応の種類によって, 次のように区別される.

燃焼熱 (heat of combustion)：物質 1 mol が, 完全燃焼するときに発生する熱量

生成熱 (heat of formation)：物質 1 mol が, その成分元素の単体からつくられるときに出入りする熱量

中和熱 (heat of neutralization)：酸と塩基の水溶液が中和して, 水 1 mol ができるときに発生する熱量

溶解熱 (heat of dissolution)：物質 1 mol が, 多量の液体に溶けるときに出入りする熱量

蒸発熱 (heat of vaporization)：液体 1 mol が, 気体になるときに吸収される熱量

【例題 28】 次の (1)〜(4) の反応における反応熱は, 何熱とよばれるか.

(1)　エタノールの燃焼

(2)　濃硫酸を水に溶解する

(3)　塩酸と水酸化ナトリウムの中和

(4)　金属ナトリウムと塩酸の反応

　　解答　(1)　燃焼熱　　(2)　溶解熱　　(3)　中和熱　　(4)　生成熱

5.4 ヘスの法則

反応熱は, 反応物と生成物のみで決まり, 途中の経路に関係しない. すなわち, 反応が1段階で起きても, 数段階や別のルートで起きても, 反応物と生成物が同じであれば, 変化に伴う総熱量は同じである. これを**ヘスの法則** (Hess's law) という.

【例題 29】 メタンと黒鉛の燃焼熱，水の生成熱からメタンの生成熱を計算せよ (25°C)．

解答
$$C(黒鉛) + O_2(気) = CO_2(気) + 394 \text{ kJ} \quad \cdots ①$$
$$H_2(気) + \frac{1}{2}O_2(気) = H_2O(液) + 286 \text{ kJ} \quad \cdots ②$$
$$CH_4(気) + 2O_2(気) = CO_2(気) + 2H_2O(液) + 891 \text{ kJ} \quad \cdots ③$$

① + ② × 2 − ③ より

$$C(黒鉛) + 2H_2(気) = CH_4(気) + 75 \text{ kJ}$$

したがって，CH_4(気) の生成熱は 75 kJ mol^{-1} である．

5.5 結合エネルギー

分子内の結合を切り離すのに必要なエネルギーを**結合エネルギー** (bond energy) という．結合エネルギーは，結合 1 mol あたりの熱量で表される．例えば，Cl–Cl の結合エネルギーは，熱化学方程式では $Cl_2(気) = 2Cl(気) - 243 \text{ kJ}$ となる．

【例題 30】 O–H, H–H, O=O の結合エネルギーをそれぞれ 463 kJ, 436 kJ, 490 kJ として，水蒸気の生成熱を求めよ．

解答 H_2O(気) は，H–O–H だから，O–H 結合が 2 つ含まれる．よって，H_2O を O と 2 つの H に分解するために必要なエネルギーは，O–H の結合エネルギーの 2 倍となる．

$$H_2O(気) = 2H(気) + O(気) - 2 \times 463 \text{ kJ} \quad \cdots ①$$
$$H_2(気) = 2H(気) - 436 \text{ kJ} \quad \cdots ②$$
$$O_2(気) = 2O(気) - 490 \text{ kJ} \quad \cdots ③$$

② − ① + $\frac{1}{2}$ × ③ より

$$H_2(気) + \frac{1}{2}O_2(気) = H_2O(気) + 245 \text{ kJ}$$

したがって，水蒸気の生成熱は 245 kJ mol^{-1} である．

◆ 演習問題 A ◆

【問題 A-20】 次の (1)〜(3) を熱化学方程式で表せ．

(1) メタン CH_4 の燃焼熱は 891 kJ mol^{-1} である．
(2) アンモニア NH_3 の生成熱は 46 kJ mol^{-1} である．
(3) 0.10 mol の硝酸アンモニウム NH_4NO_3 を多量に水に溶解すると，2.6 kJ の熱を吸収する．

【問題 A-21】 次の (1)〜(3) の問いに答えよ．

(1) メタノールの燃焼熱は 726 kJ mol^{-1} である．100 kJ の熱量を得るには何gのメタノールが必要か．ただし，分子量は $CH_3OH = 32.0$ とする．

(2) 1.00 mol L^{-1} 塩酸と 2.00 mol L^{-1} 水酸化ナトリウム水溶液を各 500 mL ずつ混合すると，何 kJ の熱が発生するか．ただし，熱化学方程式は $HCl \text{ aq} + NaOH \text{ aq} = NaCl \text{ aq} + H_2O + 56.0 \text{ kJ}$ である．化合物名の後にある aq は水溶液を示す．

(3) メタンとエタンを混合した標準状態の気体 112 L を完全燃焼させたところ，5053 kJ の発熱があった．この混合気体中のメタンの体積百分率を示せ．ただし，メタンの燃焼熱を 890 kJ mol^{-1}，エタンの燃焼熱を 1560 kJ mol^{-1} とする．

【問題 A-22】 次の熱化学方程式を使って，エタノール C_2H_5OH の燃焼熱を求めよ．

$$C(固) + O_2(気) = CO_2(気) + 393.5 \text{ kJ} \quad \cdots ①$$

$$H_2(気) + \frac{1}{2}O_2(気) = H_2O(液) + 285.8 \text{ kJ} \quad \cdots ②$$

$$2C(固) + 3H_2(気) + \frac{1}{2}O_2(気) = C_2H_5OH(液) + 277.0 \text{ kJ} \quad \cdots ③$$

◆ 演習問題 B ◆

【問題 B-18】 次の (1)〜(3) に示す反応の熱化学方程式を書け．

(1) アセチレン C_2H_2 の燃焼熱は 1307 kJ mol^{-1} である．

(2) 7.00 g の酸化カルシウム CaO と塩化水素 HCl を反応させると，塩化カルシウムと水が生成し，24.3 kJ の発熱があった．ただし，原子量は $H = 1.00$，$C = 12.0$，$O = 16.0$，$Ca = 40.1$，$Cl = 35.5$ とする．

(3) 黒鉛の燃焼熱は $393.5 \text{ kJ mol}^{-1}$ である．

【問題 B-19】 プロパン C_3H_8 ガス 10 g を完全燃焼させた．次の (1), (2) の問いに答えよ．ただし，プロパンの燃焼熱は 2220 kJ mol^{-1} とする．

(1) プロパンの燃焼反応を熱化学方程式で書け．

(2) このときの発生熱量はいくらか．

【問題 B-20】 次の熱化学反応式を用いて，次の (1), (2) の問いに答えよ．ただし，物質の状態はすべて気体とする．

$$H_2 + \frac{1}{2}O_2 = H_2O + 242 \text{ kJ} \quad \cdots ①$$

$$NH_3 + \frac{3}{4}O_2 = \frac{1}{2}N_2 + \frac{3}{2}H_2O + 317 \text{ kJ} \quad \cdots ②$$

$$N_2 + O_2 = 2NO - 180 \text{ kJ} \quad \cdots ③$$

(1) アンモニアの生成熱を求めよ．

(2) (1) より，次の熱化学方程式の反応熱 Q の値を求めよ．

$$4NH_3 + 5O_2 = 4NO + 6H_2O + Q \text{ kJ}$$

6. 反応速度と化学平衡

6.1 反応速度

反応速度 (reaction rate) は，単位時間あたりどれだけ反応物の濃度が減少するか，もしくは生成物の濃度が増加するかを表す．

$$\text{反応速度 mol L}^{-1}\text{ s}^{-1} = \frac{\text{反応物の減少量 mol L}^{-1}}{\text{反応時間 s}} = \frac{\text{生成物の増加量 mol L}^{-1}}{\text{反応時間 s}}$$

反応速度 v を反応物の濃度で表した式を**反応速度式** (rate equation) といい，反応式

$$a\text{A} + b\text{B} \rightarrow c\text{C} \quad (a, b, c \text{は係数，A, B, C は物質 (化学式))} \quad \cdots \text{①}$$

の反応速度は

$$v = k[\text{A}]^a[\text{B}]^b \quad (k \text{は反応速度定数 (温度によって変化する))}$$

と表される．ここで，$a + b$ の値は**反応次数** (order of reaction) となる．

【例題 31】 水素とヨウ素が反応してヨウ化水素が生成する反応について，次の (1)〜(3) の問いに答えよ．ただし，反応による体積変化はないものとする．

(1) 30 秒間の反応で水素が 5.0 mol L^{-1} から 2.9 mol L^{-1} に減少したとき，H_2, I_2, HI からみた反応速度を求めよ．

(2) 水素またはヨウ素の濃度を 2 倍にすると反応速度はぞれぞれ 2 倍になった．この反応の反応速度式を書け．

(3) この反応の反応次数はいくつか．

解答 この反応の反応式は $H_2 + I_2 \rightleftarrows 2HI$ である．

(1) H_2 濃度の減少量は $5.0 - 2.9 = 2.1 \text{ mol L}^{-1}$ である．体積変化がない場合，係数の比はモル濃度の比なので，反応したヨウ素の濃度は 2.1 mol L^{-1}，生成したヨウ化水素の濃度は 4.2 mol L^{-1} となる．反応速度は，「濃度変化/反応時間」なので

$$v_{H_2} = \frac{2.1}{30} = 0.07 \text{ mol L}^{-1}\text{ s}^{-1},$$

$$v_{I_2} = \frac{2.1}{30} = 0.07 \text{ mol L}^{-1}\text{ s}^{-1},$$

$$v_{HI} = \frac{4.2}{30} = 0.14 \text{ mol L}^{-1}\text{ s}^{-1}$$

(2) 反応速度式は $v = k[H_2]^a[I_2]^b$ である．水素またはヨウ素の濃度が 2 倍になると反応速度もそれぞれ 2 倍になるので，$a = b = 1$ である．したがって，$v = k[H_2][I_2]$ となる．

(3) 反応次数は $a + b$ だから，2 次反応式である．

6.2 活性化エネルギー

化学反応において，反応物の粒子が衝突して生成物になるためには，ある一定以上のエネルギーを必要とする．この一定のエネルギーを**活性化エネルギー** (activation energy) といい，衝突によって生じた高エネルギー状態を**活性化状態** (activated state) という (図 12).

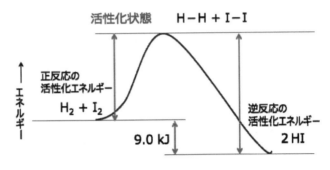

図 12 活性化エネルギー

【**例題 32**】 五酸化二窒素 N_2O_5 の分解反応は温度が 10°C 上昇するごとに 3 倍速くなる．温度を 40°C 上げると反応速度は何倍になるか．

解答 $3^{40/10} = 81$ 倍

6.3 触 媒

反応の前後で自身は変化しないが，反応速度を変化させる物質のことを**触媒** (catalyst) という．触媒を使った反応では，触媒のない場合とは異なる活性化状態になる (図 13).

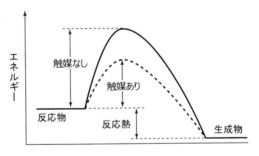

図 13 触媒の有無によるエネルギー状態

6.4 化学平衡

反応物から生成物が生じる反応と生成物が反応物に戻る反応の両方が可能な化学反応がある (図 14)．このような反応を**可逆反応**という．可逆反応では，反応開始から一定時間以上経つと，反応物と生成物の量が一定の割合になる．この状態を**化学平衡** (chemical equilibrium) に達したという．可逆反応

$$H_2 + I_2 \rightleftarrows 2HI \quad \cdots ②$$

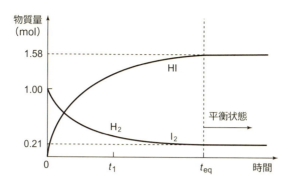

図 14　水素とヨウ素の反応時間と物質量の関係

を示すためには，式②のように，ふつうの化学反応式で使われる → の代わりに ⇄ を用いる．右向きが**正反応**で，左向きを**逆反応**という．

　また，生成物だけを反応容器に入れるとものの反応物が生じ，一定時間以上経つと，やはり同じ平衡状態になる．**平衡状態**では，物質の量変化はもはや起きないので，見かけ上どちらにも進まないように，すなわち，あたかも反応が止まったようにみえる．しかし，実際には，両方の反応が同じ速さで，絶え間なく起きている．

　物質 A, B, C, D 間において，可逆反応

$$a\mathrm{A} + b\mathrm{B} \rightleftarrows c\mathrm{C} + d\mathrm{D} \quad (a\sim d\text{は係数}) \quad \cdots ③$$

が平衡状態に達したとする．このとき，物質 A, B, C, D の濃度をそれぞれ [A], [B], [C], [D] とすると，平衡状態では常に

$$\frac{[\mathrm{C}]^c[\mathrm{D}]^d}{[\mathrm{A}]^a[\mathrm{B}]^b} = K \quad (K\text{は定数}) \quad \cdots ④$$

が成り立つ．K を，この可逆反応の**平衡定数**という．式④は，ある平衡状態において，反応物の濃度の積と生成物の濃度の積の比が一定であることを示す．これを**化学平衡の法則** (law of chemical equilibrium) という．平衡定数 K の値は温度によって変化する．また，平衡定数の単位は，反応式の係数によって決まる．したがって，特定の反応の特定温度における「定数」である．

【例題 33】 H_2 と I_2 を 0.40 mol ずつ体積 1.0 L の容器に入れて 820 K に保った．この温度での平衡定数 K を 36 として，平衡状態で生じた HI の物質量を求めよ．

　解答　求める HI の量を x として，反応前と平衡時の量は下表のように整理できる．

化学反応式	H_2	+	I_2	⇄	2HI
反応前 (mol)	0.40		0.40		0
平衡時 (mol)	$0.40 - \dfrac{x}{2}$		$0.40 - \dfrac{x}{2}$		x

$$K = \frac{[\text{HI}]^2}{[\text{H}_2][\text{I}_2]} = \frac{\left(\dfrac{x}{1.0}\right)^2}{\dfrac{0.40 - \dfrac{x}{2}}{1.0} \times \dfrac{0.40 - \dfrac{x}{2}}{1.0}} = 36$$

ここで，$x \geq 0$ かつ $0.40 - \dfrac{x}{2} \geq 0$ で $0 \leq x \leq 0.80$ だから，$x = 0.60$ mol である．

6.5 ルシャトリエの原理

化学平衡が平衡状態にあるとき，濃度，温度，圧力などの条件を変化させると，平衡状態が正反応，または逆反応に変化を緩和させる方向に変化し，新たな平衡状態になる．この現象を**平衡の移動**といい，**ルシャトリエの原理** (Le Chatelier's principle) という．

◆ 演習問題 A ◆

【問題 A-23】 次の (1)～(4) に示す化学反応に関して，反応速度と関係のある事項について，最も関係のある語句を下から選べ．

(1) 鉄板より，スチールウールの方が塩酸とよく反応する．
(2) スチールウールを酸素の中に入れると空気中よりも激しく燃える．
(3) 硝酸を保存するときには褐色瓶に入れる．
(4) 酵素は冷凍保存しなければならない．

〔選択肢〕 触媒，光，圧力，表面積，温度，濃度

【問題 A-24】 A + B → C + D の反応で，A の濃度を 2 倍にすると反応速度は 2 倍になり，B の濃度を 2 倍にしたら反応速度は 4 倍になった．次の (1), (2) の問いに答えよ．

(1) この反応の反応速度式を書け．
(2) A と B が気体のとき，圧力を 2 倍にすると反応速度は何倍になるか．

【問題 A-25】 一定温度に保たれた容器に窒素 3.0 mol，水素 3.5 mol を入れたところ，$N_2 + 3H_2 \rightleftarrows 2NH_3$ の平衡に達し，1 mol のアンモニアが生成した．このとき，容器の圧力を 5.0×10^5 Pa として，圧平衡定数を求めよ．

【問題 A-26】 酢酸 2.0 mol とエタノール 3.0 mol を反応させ，酢酸エチルと水を得た．

$$CH_3COOH + C_2H_5OH \rightleftarrows CH_3COOC_2H_5 + H_2O$$

温度一定のときの濃度平衡定数を 3.0 として，平衡状態での酢酸エチルの物質量はいくつか．

【問題 A-27】 次の可逆反応が平衡状態のとき，(1)～(3) の条件を与えると平衡はどの向きに進むか．

$$2NO_2(\text{気}) = N_2O_4(\text{気}) + 57.3 \text{ kJ}$$

(1) 温度を上げる　　(2) N_2O_4 を抜き取る　　(3) 圧力を上げる

6. 反応速度と化学平衡

◆ 演習問題 B ◆

【問題 B-21】 1 L の密閉容器で水素とヨウ素を反応させたところ，25 秒で平衡に達し，ヨウ化水素が 10 mol 生成した．次の (1), (2) の問いに答えよ．

(1) この 25 秒間の反応で，水素とヨウ化水素の濃度はどれだけ変化したか．

(2) この反応において，反応物 (水素とヨウ素) からみた反応速度はいくらか．

【問題 B-22】 図は A + B → C の反応について，触媒があるとき，ないときのエネルギー変化を表したものである．次の (1)～(3) の問いに答えよ．

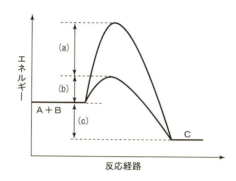

(1) 触媒がないときの反応の活性化エネルギーを，(a), (b), (c) を用いて表せ．

(2) この反応は発熱反応か，吸熱反応か．

(3) 逆反応 (C → A+B) において，触媒を用いたときの活性化エネルギーを，(a), (b), (c) を用いて表せ．

【問題 B-23】 A + B → C の反応において，A と B の濃度を変えて反応速度を求めた結果を表に示した．次の (1)～(3) の問いに答えよ．

A の濃度 (mol L^{-1})	0.2	0.2	0.2	0.4	0.6	0.6
B の濃度 (mol L^{-1})	0.1	0.2	0.3	0.1	0.1	0.3
反応速度 (mol L^{-1} s^{-1})	0.12	0.24	0.36	0.48	1.08	x

(1) この反応の反応速度式を書け．

(2) この反応の反応速度定数はいくつか．

(3) 表中の反応速度 x を求めよ．

【問題 B-24】 酢酸 3.0 mol とエタノール 2.0 mol の混合物を 1.0 L の容器で，一定温度に保ち反応させ，次式で示す平衡状態に達した．平衡状態で生成した酢酸エチルの物質量は 1.2 mol であった．このとき，次の (1)～(3) の問いに答えよ．

$$CH_3COOH + C_2H_5OH \rightleftarrows CH_3COOC_2H_5 + H_2O$$

(1) 平衡状態に達したときの酢酸およびエタノールの濃度はそれぞれいくつか．

(2) このときの平衡定数を求めよ．

(3) ここにエタノールを 1.0 mol 追加して，新たな平衡状態となったとき，酢酸エチルはこの容器内に何 mol 存在するか．

【問題 B-25】 1.0 L の密閉容器で，ある物質量の水素と 4.0 mol のヨウ素を反応させたら，ヨウ化水素が 7.0 mol 生成し，平衡状態に達した．この反応の平衡定数が 49 のとき，反応前の水素の物質量を求めよ．

【問題 B-26】 次の各反応が平衡状態にあるとき，平衡を右に移動させるためには，反応条件をどのように変化させればよいか．

(1) $C(黒鉛) + H_2O(気) = CO(気) + H_2(気) - 130 \text{ kJ}$

(2) $3O_2(気) = 2O_3(気) - 180 \text{ kJ}$

(3) $CO(気) + H_2O(気) = CO_2(気) + H_2(気) + 57 \text{ kJ}$

III 編 酸・塩基，酸化・還元

1. 酸 と 塩 基

1.1 酸と塩基の定義

● アレニウスの定義

酸は，水溶液中で電離して水素イオン H^+ を生じる物質である．塩基は，水溶液中で電離して水酸化物イオン OH^- を生じる物質である．

● ブレンステッド-ローリーの定義

酸は，水素イオン H^+ を放出する物質である．塩基は，水素イオン H^+ を受けとる物質である．

酸の価数は，酸の1分子が放出できる H^+ の数である．塩基の価数は，その化学式に含まれる OH^- の数，または生成できる OH^- の数である．

【例題 1】 次の (1)〜(4) の物質は酸・塩基のいずれか，価数とともに答えよ．

(1) HCl (2) H_2SO_4 (3) NaOH (4) $Ca(OH)_2$

解答 反応式を書いてみる．

(1) $HCl \rightarrow H^+ + Cl^-$ 水中で電離して H^+ を1つ生じるので1価の酸

(2) $H_2SO_4 \rightarrow 2H^+ + SO_4{}^{2-}$ 水中で電離して H^+ を2つ生じるので2価の酸

(3) $NaOH \rightarrow Na^+ + OH^-$ 水中で電離して OH^- を1つ生じるので1価の塩基

(4) $Ca(OH)_2 \rightarrow Ca^{2+} + 2OH^-$ 水中で電離して OH^- を2つ生じるので2価の塩基

1.2 酸・塩基の強弱と電離度

酸の強弱は，水に溶けたときに生成する水素イオン H^+ の濃度で決まり，塩基の強弱は，水に溶けたときに生成する水酸化物イオン OH^- の濃度で決まる．価数とは直接関係はない．

塩酸 HCl は水溶液中でほとんど全部が電離し，水素イオン H^+ (またはオキソニウムイオン H_3O^+) と，塩化物イオン Cl^- として存在する (図 1 (a))．

$$HCl \rightarrow H^+ + Cl^-$$

$$HCl + H_2O \rightarrow H_3O^+ + Cl^-$$

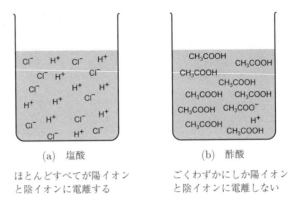

(a) 塩酸
ほとんどすべてが陽イオンと陰イオンに電離する

(b) 酢酸
ごくわずかにしか陽イオンと陰イオンに電離しない

図 1　酸の電離

弱酸の酢酸 CH_3COOH は，水溶液中でごく一部が電離し，ほとんどは酢酸分子のままで存在するので，H^+ の濃度はかなり低い (図 1 (b))．このように，酸や塩基の強弱は，電離度の大きさを目安に判断できる．電離度の大きい酸や塩基を強酸，強塩基という．

酢酸が水に溶けると，式②のように水と反応して電離し，溶質の濃度と温度で平衡状態に達する．

$$CH_3COOH \rightleftarrows CH_3COO^- + H^+ \quad \cdots ①$$

$$CH_3COOH + H_2O \rightleftarrows CH_3COO^- + H_3O^+ \quad \cdots ②$$

このような化学平衡を**電離平衡** (ionization equilibrium) という．**電離度** (記号 α) は，水に溶解した電解質全体の物質量に対する，電離している物質量の割合

$$\alpha = \frac{電離した電解質の物質量}{溶解した電解質の物質量} \quad (0 \leq \alpha \leq 1)$$

である．同じ電解質でも，その電離度は濃度や温度によって変化する．

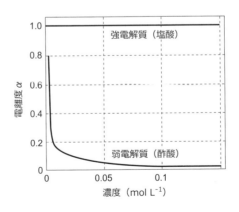

図 2　電離度と濃度の関係

1. 酸と塩基

濃度が 0.05 mol L^{-1} 以上のときに，電離度 α が 1 に近い酸・塩基を，それぞれ**強酸・強塩基**という．一方，濃度が高くても，電離度 α が 0 に近いときは，**弱酸・弱塩基**という．強酸と弱酸の電離度の違いを図 2 に示す．ただし，このグラフでは，H$^+$ と H$_3$O$^+$ は区別しない．

【例題 2】 0.10 mol L^{-1} 酢酸水溶液中の酢酸の電離度は 0.013 である．この水溶液 1.0 L 中にある酢酸，酢酸イオン，水素イオンはそれぞれ何 mol か．

解答 溶かした酢酸の物質量は 0.10 mol である．よって，電離度 α から，電離した酢酸の物質量 x mol は

$$\alpha = \frac{x}{0.10} = 0.013$$

となる．電離式が CH$_3$COOH $\rightleftarrows$ CH$_3$COO$^-$ + H$^+$ だから，酢酸イオンと水素イオンは同じ物質量である．したがって，電離せずに分子として残っている酢酸は，$0.100 - 1.3 \times 10^{-3} = 9.9 \times 10^{-2}$ mol である．

したがって，酢酸は 9.9×10^{-2} mol で，酢酸イオンと水素イオンはそれぞれ 1.3×10^{-3} mol である．

1.3 酸・塩基の電離平衡

式②の酢酸の電離平衡に化学平衡の法則をあてはめると，酢酸の電離平衡の平衡定数 K は

$$K = \frac{[\text{CH}_3\text{COO}^-][\text{H}_3\text{O}^+]}{[\text{CH}_3\text{COOH}][\text{H}_2\text{O}]} \quad \cdots ③$$

となる．このとき，水のモル濃度 [H$_2$O] は他のいずれの溶質の濃度よりも極端に大きく，事実上一定な値 55.6 mol L^{-1} とみなせるので，$K[\text{H}_2\text{O}] = K_\text{a}$ とする．さらに，H$_3$O$^+$ を H$^+$ と略記すれば，式③は

$$\frac{[\text{CH}_3\text{COO}^-][\text{H}^+]}{[\text{CH}_3\text{COOH}]} = K[\text{H}_2\text{O}] = K_\text{a} \quad \cdots ④$$

と表せる．この K_a は酸に固有の定数で，**酸の電離定数**あるいは**酸解離定数**という．K_a は，温度一定ならば酸の濃度によらず一定である．濃度 c mol L^{-1} の酢酸の電離度を α とすると，電離平衡状態で各成分 (CH$_3$COOH, CH$_3$COO$^-$, H$^+$) の濃度は

$$\text{CH}_3\text{COOH} \quad \rightleftarrows \quad \text{CH}_3\text{COO}^- \quad + \quad \text{H}^+$$
$$c(1-\alpha) \text{ mol L}^{-1} \quad\quad c\alpha \text{ mol L}^{-1} \quad\quad c\alpha \text{ mol L}^{-1}$$

である．したがって，酢酸の電離定数 K_a は，濃度 c と電離度 α を用いて表すと

$$K_\text{a} = \frac{[\text{CH}_3\text{COO}^-][\text{H}^+]}{[\text{CH}_3\text{COOH}]} = \frac{c\alpha \cdot c\alpha}{c(1-\alpha)} = \frac{c\alpha^2}{1-\alpha}$$

である．弱酸の電離度 α は 1 よりかなり小さいので，$1 - \alpha \fallingdotseq 1$ と近似できるので

$$K_\text{a} = c\alpha^2$$

となる．そこで，電離度 α は

$$\alpha = \sqrt{\frac{K_a}{c}} \quad \cdots ⑤$$

で表される．同じ酸では K_a の値が等しいから，式⑤は濃度 c が小さいほど，電離度 α が大きいことを示す．このように，弱酸の電離度は濃度によって変化するので，弱酸どうしの強弱は，濃度の影響を受けない電離定数 K_a の大小で比較する．

また，弱酸の水素イオン濃度 $[\mathrm{H}^+]$ は，$c\alpha\,\mathrm{mol\,L}^{-1}$ であり

$$[\mathrm{H}^+] = c\alpha = c\sqrt{\frac{K_a}{c}} = \sqrt{cK_a}$$

が成り立つ．

【例題 3】 $0.080\,\mathrm{mol\,L}^{-1}$ の酢酸水溶液がある．ただし，酢酸の電離定数 $K_a = 1.8 \times 10^{-5}\,\mathrm{mol\,L}^{-1}$ として，次の (1), (2) の問いに答えよ．

(1) この水溶液中の酢酸の電離度を求めよ．
(2) この酢酸水溶液の水素イオン濃度は何 $\mathrm{mol\,L}^{-1}$ か．

解答 (1) 式⑤の K_a, c, α の関係から

$$\alpha = \sqrt{\frac{K_a}{c}} = \sqrt{\frac{1.8 \times 10^{-5}}{0.080}} = 1.5 \times 10^{-2}$$

(2) $[\mathrm{H}^+] = c\alpha = 0.080 \times 1.5 \times 10^{-2} = 1.2 \times 10^{-3}\,\mathrm{mol\,L}^{-1}$

アンモニアは弱塩基で，水溶液中で次のように電離している．

$$\mathrm{NH_3 + H_2O \rightleftarrows NH_4^+ + OH^-}$$

この電離平衡の平衡定数 K は

$$K = \frac{[\mathrm{NH_4^+}][\mathrm{OH^-}]}{[\mathrm{NH_3}][\mathrm{H_2O}]}$$

$$K[\mathrm{H_2O}] = \frac{[\mathrm{NH_4^+}][\mathrm{OH^-}]}{[\mathrm{NH_3}]} = K_b$$

と表せる．この K_b を**塩基の電離定数**あるいは**塩基解離定数**という．

1.4 水のイオン積

純粋な水 $\mathrm{H_2O}$ はわずかに電離し，水素イオン $\mathrm{H^+}$ と水酸化物イオン $\mathrm{OH^-}$ を生じる．

$$\mathrm{H_2O \rightleftarrows H^+ + OH^-}$$

したがって，水の電離平衡定数 K は

$$K = \frac{[\mathrm{H^+}][\mathrm{OH^-}]}{[\mathrm{H_2O}]} \quad \mathrm{mol\,L}^{-1}$$

と表せる．そこで，$K[\mathrm{H_2O}]$ を 1 つの定数 K_w として

1. 酸と塩基

$$[\mathrm{H^+}][\mathrm{OH^-}] = K[\mathrm{H_2O}] = K_\mathrm{w} \ (\mathrm{mol\,L^{-1}})^2$$

で表す．この K_w を**水のイオン積** (ionic product) という．純水が電離して生じた水素イオンのモル濃度 $[\mathrm{H^+}]$ と水酸化物イオンのモル濃度 $[\mathrm{OH^-}]$ は等しく，25°C でいずれも $1.0 \times 10^{-7} \ \mathrm{mol\,L^{-1}}$ である．すなわち

$$[\mathrm{H^+}] = [\mathrm{OH^-}] = 1.0 \times 10^{-7} \ \mathrm{mol\,L^{-1}}$$

と表せる．したがって，25°C では

$$K_\mathrm{w} = [\mathrm{H^+}][\mathrm{OH^-}] = 1.0 \times 10^{-14} \ (\mathrm{mol\,L^{-1}})^2$$

となる．この関係は，純水だけでなく，濃度の十分に低い酸性や塩基性の水溶液でも，温度が一定なら常に成立する．したがって，水溶液中の $[\mathrm{H^+}]$ か $[\mathrm{OH^-}]$ のいずれかがわかれば，もう一方を知ることができる．

【例題 4】 次の (1), (2) の水溶液の水素イオン濃度 $[\mathrm{H^+}]$ を求めよ．
  (1) $0.02 \ \mathrm{mol\,L^{-1}}$ の塩酸
  (2) $0.05 \ \mathrm{mol\,L^{-1}}$ の水酸化カルシウム水溶液

  解答 (1) 塩酸は 1 価の強酸なので，$[\mathrm{H^+}]$ は濃度に等しい．したがって，$0.02 \ \mathrm{mol\,L^{-1}}$ である．
  (2) 水酸化カルシウムは 2 価の強塩基なので，$[\mathrm{OH^-}]$ は溶液濃度の 2 倍となり，$[\mathrm{OH^-}] = 0.1 \ \mathrm{mol\,L^{-1}}$ となる．したがって，$[\mathrm{H^+}] = \dfrac{10^{-14}}{[\mathrm{OH^-}]} = 1 \times 10^{-13} \ \mathrm{mol\,L^{-1}}$ である．

1.5 水素イオン濃度と pH

水溶液の酸性や塩基性の強弱は，水素イオン濃度 $[\mathrm{H^+}]$ の大小で表すことができる．$[\mathrm{H^+}]$ の値は $1 \ (= 10^0) \sim 10^{-14}$ の範囲で著しく変化するので，常用対数を使うと便利である．また，値が正になるように，水素イオン濃度 $[\mathrm{H^+}]$ の逆数に常用対数を作用させて値を得る．このようにして得た値を**水素イオン指数** (pH: potential hydrogen) という．水素イオン指数 pH は

$$\mathrm{pH} = \log_{10} \dfrac{1}{[\mathrm{H^+}]} = -\log_{10}[\mathrm{H^+}]$$

で表す．また

$$[\mathrm{H^+}] = 10^{-\mathrm{pH}}$$

によって pH から水素イオン濃度を換算できる．例えば，25°C では，酸性水溶液で pH < 7，中性水溶液で pH = 7，塩基性水溶液で pH > 7 となる．

【例題 5】 2.0×10^{-2} mol L^{-1} の塩酸の電離度は 1 である．この溶液の pH を求めよ．ただし，$\log_{10} 2 = 0.3$ とする．

解答　塩酸は水溶液中で次のように電離する．

$$HCl \rightarrow H^+ + Cl^-$$

$[H^+] = 2.0 \times 10^{-2}$ mol L^{-1} だから

$$pH = -\log_{10}(2.0 \times 10^{-2}) = -\log_{10} 2 - \log_{10} 10^{-2} = -0.3 + 2 = 1.7$$

1.6　電解質の中和反応

水溶液中の酸や塩基は電離して，酸から生じた水素イオン H$^+$ と塩基から生じた水酸化物イオン OH$^-$ が反応して，酸と塩基の性質を互いに打ち消し合う．これを**中和反応** (neutralization reaction) または単に**中和** (neutralization) という．例えば，塩酸と水酸化ナトリウム水溶液の中和反応は

$$HCl + NaOH \rightarrow NaCl + H_2O \quad \cdots ⑥$$
$$\text{酸}\quad\text{塩基}\quad\text{塩}\quad\text{水}$$

となる．中和反応において，酸から生じた陰イオンと塩基から生じた陽イオンからできる物質を**塩**という．式⑥の反応であれば，水を蒸発させると塩化ナトリウム NaCl という塩が得られる．

水溶液中では HCl，NaOH，NaCl は完全に電離しているので，式⑥をイオン式

$$H^+ + Cl^- + Na^+ + OH^- \rightarrow Na^+ + Cl^- + H_2O \quad \cdots ⑦$$

で表せる．このように，Na$^+$ と Cl$^-$ は中和反応に関係していないので，式⑦の正味の反応式として

$$H^+ + OH^- \rightarrow H_2O \quad \cdots ⑧$$

となる．このように，中和反応は水素イオンと水酸化物イオンが反応して，水 H$_2$O を生じる反応である．

1.7　中和の量的関係

酸の水溶液に，塩基の水溶液を加えていくと，酸から生じた H$^+$ の物質量と塩基から生じた OH$^-$ の物質量が等しくなって，酸と塩基はちょうど中和する．このように，酸と塩基が過不足なく中和したとき，反応が**中和点**に達したという．式⑧の反応が進み，酸と塩基から生じた H$^+$ と OH$^-$ はバランスする．

酢酸 CH$_3$COOH と水酸化ナトリウム NaOH のように，どちらも 1 価の酸・塩基の場合には

$$CH_3COOH + NaOH \rightarrow CH_3COONa + H_2O$$
$$\text{1 mol}\qquad\text{1 mol}$$

となり，両者の物質量が等しくなったとき中和点に達する．

また，2価の硫酸 H_2SO_4 と1価の水酸化ナトリウムのように，酸と塩基の価数が異なる場合には

$$H_2SO_4 + 2NaOH \rightarrow Na_2SO_4 + 2H_2O$$
$$1\,\text{mol}\quad\ \ 2\,\text{mol}$$

となり，硫酸の2倍の物質量の水酸化ナトリウムが必要である．

このように中和する酸・塩基の量的関係には，酸・塩基 1 mol あたり，1価であれば 1 mol の H^+ または OH^- が中和に関与し，2価であれば 2 mol の H^+ または OH^- が中和にかかわる．したがって，酸と塩基の価数によって，中和する酸・塩基の量的関係は異なる．また，この量的関係は，酸・塩基の強弱とは無関係である．

中和点での酸・塩基の量的関係は，それぞれの価数を考慮して

$$(酸の価数) \times (酸の物質量) = (塩基の価数) \times (塩基の物質量)$$

と表せる．

【例題 6】 硝酸水溶液と水酸化ナトリウム水溶液が過不足なく中和するときの化学反応式を書け．

解答 硝酸は水中で $HNO_3 \rightarrow H^+ + NO_3^-$ に電離する．

水酸化ナトリウムは水中で $NaOH \rightarrow Na^+ + OH^-$ に電離する．

どちらも1価の酸と塩基であるから，物質量比 1:1 で中和する．したがって

$$HNO_3 + NaOH \rightarrow NaNO_3 + H_2O$$

1.8 緩衝作用

ふつうの水溶液に酸や塩基を加えると，溶液の pH は著しく変化する．しかし，少量の酸や塩基を加えても，ほとんど pH の変化しない水溶液がある．弱酸と強塩基の塩や，強酸と弱塩基の塩を混合した水溶液である．これは，弱酸または弱塩基の電離平衡が，加えた酸や塩基の効果を打ち消す方向に移動して，水溶液の pH 変化を和らげるために起こる．このような働きを酸や塩基に対する**緩衝作用** (buffer action) といい，緩衝作用をもつ水溶液を**緩衝溶液** (buffer solution) という．

酢酸と酢酸ナトリウムによる緩衝溶液について考える．酢酸と酢酸ナトリウムはそれぞれ

$$CH_3COOH \rightleftarrows CH_3COO^- + H^+ \quad \cdots ⑨$$
$$CH_3COONa \rightleftarrows CH_3COO^- + Na^+ \quad \cdots ⑩$$

となり，電離している．

酢酸は弱酸のため式⑨の平衡は左に偏り，酢酸ナトリウムは強塩基の塩のため式⑩の平衡は右に偏っている．したがって，この溶液中には CH_3COOH，CH_3COO^-，Na^+

がおもに存在する．ここに酸を加えると H^+ は CH_3COO^- と結合して CH_3COOH となり，塩基を加えると OH^- は式⑨の H^+ と結合し H_2O となる．このとき，H^+ は式⑨の平衡を右へ移動することで補給される．このように，緩衝溶液に酸や塩基を加えても，弱酸や弱塩基から生じたイオンとの反応で H^+ や OH^- が消費されるので，pH はあまり変化しない．

【例題 7】 $0.01\ mol\,L^{-1}$ の酢酸と $0.01\ mol\,L^{-1}$ の酢酸ナトリウムの混合液の水素イオン濃度と pH を求めよ．ただし，酢酸の電離定数は $2.8 \times 10^{-5}\ mol\,L^{-1}$，$\log 2.8 = 0.4$ とする．

解答 化学平衡の法則から $K_a = \dfrac{[CH_3COO^-][H^+]}{[CH_3COOH]}$ である．K_a は酢酸の電離定数だから，$[H^+] = \dfrac{[CH_3COOH]}{[CH_3COO^-]} \times K_a$ となる．酢酸および酢酸ナトリウムの最初の濃度をそれぞれ $[CH_3COOH]$，$[CH_3COO^-]$ とすると

$$[H^+] = \frac{[CH_3COOH]}{[CH_3COO^-]} \times K_a = \frac{0.01}{0.01} \times (2.8 \times 10^{-5}) = 2.8 \times 10^{-5}\ mol\,L^{-1},$$

$$pH = -\log[H^+] = -\log(2.8 \times 10^{-5}) = 4.6$$

◆ 演習問題 A ◆

【問題 A-1】 次の (1), (2) の反応において，H_2O はブレンステッド-ローリーの定義では酸・塩基どちらとして働くか答えよ．

(1) $HCl + H_2O \rightarrow H_3O^+ + Cl^-$

(2) $NH_3 + H_2O \rightarrow NH_4^+ + OH^-$

【問題 A-2】 次の (1), (2) の反応で酸または塩基として作用している物質を化学式で書け．

(1) $CH_3COOH + H_2O \rightleftarrows CH_3COO^- + H_3O^+$

(2) $CO_3^{2-} + H_2O \rightleftarrows HCO_3^- + OH^-$

【問題 A-3】 $2.0 \times 10^{-2}\ mol\,L^{-1}$ の硝酸水溶液における水素イオン濃度を求めよ．ただし，この濃度における硝酸の電離度は 1 とする．

【問題 A-4】 25°C のアンモニアの電離定数 K_b は $1.8 \times 10^{-5}\ mol\,L^{-1}$ である．次の (1), (2) の問いに答えよ．

(1) $0.10\ mol\,L^{-1}$ アンモニア水の電離度を求めよ（$\sqrt{1.8} = 1.3$）．

(2) $0.10\ mol\,L^{-1}$ アンモニア水の pH を求めよ（$\log_{10} 1.8 = 0.26$）．

【問題 A-5】 弱酸と強塩基の塩である酢酸ナトリウムの電離平衡を説明している．次の (1), (2) の問いに答えよ．

(1) ①〜⑦にあてはまる化学式または記号を記入せよ．

酢酸ナトリウムは，水に溶解して CH_3COO^- と Na^+ に完全に電離する．

1. 酸と塩基

$$CH_3COONa \rightarrow CH_3COO^- + Na^+$$

生じた CH_3COO^- の一部は，次のように水と反応して平衡状態になる．

$$CH_3COO^- + H_2O \rightleftarrows \boxed{①} + \boxed{②}$$

この反応の平衡定数 K_h は，次式で表され，加水分解定数という．

$$K_h = \frac{\boxed{③} \cdot \boxed{④}}{[CH_3COO^-]}$$

酢酸の電離定数は，次式で表される．

$$K_a = \frac{[CH_3COO^-] \cdot \boxed{⑤}}{\boxed{⑥}}$$

したがって，K_h は，K_a と水のイオン積 K_w を用いて，次のように表される．

$$K_h = \boxed{⑦}$$

(2) $0.10\,\text{mol L}^{-1}$ の酢酸ナトリウム水溶液の pH を求めよ．ただし，酢酸の電離定数 $K_a = 2.0 \times 10^{-5}\,\text{mol L}^{-1}$，水のイオン積 $K_w = 1.0 \times 10^{-14}\,(\text{mol L}^{-1})^2$ とする．

【問題 A-6】 $2.0 \times 10^{-2}\,\text{mol L}^{-1}$ の水酸化ナトリウム水溶液の電離度は 1 である．この溶液の pH を求めよ．

【問題 A-7】 次の (1)〜(3) の各酸と塩基の水溶液が完全に中和したときの化学反応式を書け．

(1) シュウ酸と水酸化バリウム
(2) 塩化水素と水酸化カルシウム
(3) リン酸と水酸化ナトリウム

【問題 A-8】 次の (1), (2) の塩が酸と塩基の中和によってできるときの化学反応式を書け．

(1) 炭酸ナトリウム Na_2CO_3
(2) リン酸水素二カリウム K_2HPO_4

【問題 A-9】 濃度 $c\,\text{mol L}^{-1}$ の n 価の酸の水溶液 V mL と濃度 $c'\,\text{mol L}^{-1}$ の n' 価の塩基の水溶液 V' mL を混ぜ合わせて，ちょうど中和点に達した．このとき，酸と塩基の間に成り立つ量的関係を，酸・塩基の価数，濃度，水溶液の体積で示せ．

【問題 A-10】 $0.100\,\text{mol L}^{-1}$ の水酸化ナトリウム水溶液 10.0 mL を中和するために，ある濃度の希硫酸を 8.25 mL 要した．この希硫酸のモル濃度を求めよ．

【問題 A-11】 濃度未知の希硫酸 10 mL を中和するために，$0.15\,\text{mol L}^{-1}$ の水酸化ナトリウム水溶液を 12 mL 要した．この希硫酸のモル濃度を求めよ．

【問題 A-12】 水酸化カルシウム $Ca(OH)_2$ を 0.370 g 含む水溶液がある．この水溶液を中和するために必要な酢酸の質量を求めよ．ただし，水酸化カルシウムの式量は 74.0，酢酸の分子量は 60.0 とする．

【問題 A-13】 次の (1)〜(3) の問いに答えよ．

(1) 1.00 mol の硫酸のみを含む水溶液を，ちょうど中和するのに必要な水酸化ナトリウムは何 mol か．

(2) 0.200 mol の硝酸のみを含む水溶液を，ちょうど中和するのに必要な水酸化カルシウムは何 g か．ただし，水酸化カルシウムの式量は 74.0 とする．

(3) 12.0 g の酢酸を溶かした水溶液を，ちょうど中和するのに必要なアンモニアは何 g か．ただし，酢酸とアンモニアの分子量は，それぞれ 60.0 と 17.0 とする．

【問題 A-14】 2.40 g の水酸化ナトリウムを中和するのに必要な $0.400\ mol\ L^{-1}$ の硫酸水溶液は何 mL か．ただし，水酸化ナトリウムの式量は 40.0 とする．

◆ 演習問題 B ◆

【問題 B-1】 次の (1)〜(4) の反応において，下線の物質またはイオンは酸・塩基のいずれとして働くか，ブレンステッド–ローリーの定義から考え答えよ．

(1) $CH_3COOH + \underline{OH^-} \rightarrow CH_3COO^- + H_2O$

(2) $HNO_3 + \underline{H_2O} \rightarrow NO_3^- + H_3O^+$

(3) $KOH + \underline{HCl} \rightarrow KCl + H_2O$

(4) $\underline{2NH_3} + H_2SO_4 \rightarrow (NH_4)_2SO_4$

【問題 B-2】 次の (1)〜(4) の各物質が水中で完全に電離するときの様子をイオン反応式で書け．

(1) 硝酸　　(2) シュウ酸　　(3) 水酸化カリウム　　(4) アンモニア

【問題 B-3】 $0.010\ mol\ L^{-1}$ の酢酸水溶液中の水素イオン濃度は $4.1 \times 10^{-4}\ mol\ L^{-1}$ で，同じ濃度の塩酸中の水素イオン濃度は $1.0 \times 10^{-2}\ mol\ L^{-1}$ であった．$0.010\ mol\ L^{-1}$ における酢酸と塩化水素の電離度を求めよ．

【問題 B-4】 濃度 $1.0 \times 10^{-2}\ mol\ L^{-1}$ のある 1 価の弱酸の水溶液は pH が 4.0 であった．この弱酸の電離定数を求めよ．

【問題 B-5】 温度 25°C において，次の (1)〜(4) の水溶液中の水素イオン濃度を求めよ．

(1) $0.10 \times 10^{-2}\ mol\ L^{-1}$ の 1 価の強酸 ($\alpha = 1.0$) 水溶液

(2) $0.10 \times 10^{-2}\ mol\ L^{-1}$ の 1 価の弱酸 ($\alpha = 0.013$) 水溶液

(3) $0.10 \times 10^{-2}\ mol\ L^{-1}$ の 2 価の強酸 ($\alpha = 1.0$) 水溶液

(4) $0.10 \times 10^{-2}\ mol\ L^{-1}$ の 1 価の弱塩基 ($\alpha = 0.013$) 水溶液

【問題 B-6】 2.0×10^{-2} mol L^{-1} の酢酸の pH を求めよ．ただし，酢酸の電離定数は 1.8×10^{-5} mol L^{-1} である．また，この水溶液を 100 倍に薄めた水溶液の pH はいくつか．ただし，$\log_{10} 2 = 0.30$, $\log_{10} 3 = 0.48$ とする．

【問題 B-7】 次の (1)〜(3) の水溶液を pH の小さいものから順に並べよ．
(1) 0.1 mol L^{-1} 塩酸 10 mL を水で薄めて 100 mL とした溶液
(2) 0.1 mol L^{-1} 酢酸水溶液 ($\alpha = 0.01$)
(3) 0.01 mol L^{-1} 酢酸水溶液 ($\alpha = 0.05$)

【問題 B-8】 0.10 mol L^{-1} の酢酸水溶液 300 mL に 0.10 mol L^{-1} の酢酸ナトリウム水溶液 200 mL を混合した水溶液の pH を求めよ．ただし，酢酸の電離定数は $K_a = 2.8 \times 10^{-5}$ mol L^{-1} とする．

【問題 B-9】 次の (1)〜(3) の水溶液が完全に中和したときの化学反応式を書け．
(1) 硝酸と水酸化ナトリウム
(2) 硫酸とアンモニア
(3) 硫化水素とアンモニア

【問題 B-10】 次の (1), (2) の塩が酸と塩基の中和によってできるときの化学反応式を書け．
(1) 炭酸水素ナトリウム NaHCO$_3$
(2) リン酸二水素カリウム KH$_2$PO$_4$

【問題 B-11】 不純物として食塩を含む水酸化ナトリウム 0.50 g を水に溶かした．この水溶液を中和するのに 0.50 mol L^{-1} の塩酸 24 mL を要した．この水酸化ナトリウムの純度は何%か．ただし，NaOH の式量を 40 とする．

【問題 B-12】 濃度不明の 0.0100 L の水酸化ナトリウム水溶液に，0.0500 mol L^{-1} のシュウ酸 H$_2$C$_2$O$_4$ 水溶液を 0.0120 L 加えたところ中和した．次の (1), (2) の問いに答えよ．
(1) この反応で塩が生成する化学反応式を書け．
(2) この水酸化ナトリウム水溶液のモル濃度を求めよ．

2. 酸化還元反応

2.1 酸化・還元の定義

酸化 (oxidation) とは，物質が酸素と結合する変化や化合物から水素がとれる変化をいい，還元 (reduction) とは，物質が水素と結合する変化や酸化物から酸素がとれる変化をいう．この定義は，酸素と水素が直接かかわる反応のみにあてはまるため，狭い意味での酸化・還元という．一方，より広いとらえ方では，酸化は物質またはイオンが電子を失う変化で，還元とは物質またはイオンが電子を得る変化をいう．現在は，広い意味での酸化・還元の定義を使うことが多い．

【例題8】 次の文中の空欄①〜⑤に，最もよくあてはまる語句を入れて，文を完成させよ．

次の反応では銅 Cu が〔①〕を〔②〕，塩素 Cl_2 が〔①〕を受け取っている．したがって，銅が〔③〕され，塩素が〔④〕されていることがわかる．

$$Cu + Cl_2 \rightarrow CuCl_2 \quad \begin{cases} [酸化] & Cu \rightarrow Cu^{2+} + 2e^- \\ [還元] & Cl_2 + 2e^- \rightarrow 2Cl^- \end{cases}$$

ある物質が〔①〕を失うとき，その〔①〕を受け取る物質が必ず存在しなければならない．すなわち，〔①〕の授受を伴う化学反応では，〔③〕と〔④〕は常に〔⑤〕に進行する．

　　解答　① 電子　　② 与え　　③ 酸化　　④ 還元　　⑤ 同時

2.2 酸化数

単体または化合物中の原子が，どの程度，酸化または還元されているか(電子を失ったか，受け取ったか)を示す便宜的な数を**酸化数** (oxidation number of an atom in a compound) という．酸化数は次のように決められている．

(1) 単体中の原子の酸化数は 0 とする．
(2) 単原子イオンの酸化数はイオンの価数に等しい．
(3) 化合物中の水素原子の酸化数は $+1$，酸素原子の酸化数は -2 とし，化合物中の各原子の酸化数の総和は 0 とする．
(4) 多原子イオン中の原子の酸化数の総和は，イオンの価数に等しい．

【例題9】 硫酸イオン SO_4^{2-} の S の酸化数はいくつか．

　　解答　硫酸イオン SO_4^{2-} の S の酸化数を x とおくと，酸素の酸化数は -2 より

$$x + (-2) \times 4 = -2, \quad x = +6$$

【例題10】 過マンガン酸カリウム $KMnO_4$ の Mn の酸化数はいくつか．

　　解答　過マンガン酸カリウム $KMnO_4$ の Mn の酸化数を x とおくと，カリウムの酸化数は $+1$ より

$$(+1) + x + (-2) \times 4 = 0, \quad x = +7$$

2.3 酸化還元反応における酸化数の増減

酸化マンガン (IV) と濃塩酸の反応における酸化数の変化は，次の通りである．

$$\underset{(+4)}{MnO_2} + \underset{(-1)}{4HCl} \rightarrow \underset{(+2)}{MnCl_2} + \underset{(0)}{Cl_2} + 2H_2O \quad \cdots ①$$

（酸化された(酸化数増加): Cl）
（還元された(酸化数減少): Mn）

酸化数の増加した Cl 原子は酸化され，酸化数の減少した Mn 原子は還元された．反応の前後で酸化数の増減がないときは，酸化還元反応ではない．

【例題 11】 次の (1)〜(4) の変化において，下線の原子が酸化されているもの (O)，還元されているもの (R)，酸化も還元もされていないもの (N) に分類せよ．

(1) $\underline{Cl}_2 \to HC\underline{l}O$　　(2) $H_2\underline{O}_2 \to H_2\underline{O}$
(3) $\underline{Ag}NO_3 \to \underline{Ag}Cl$　　(4) $\underline{Na} \to \underline{Na}OH$

解答　(1) O : 0 → +1　　(2) R : −1 → −2
(3) N : 両辺とも +1 だから酸化数変化なし　　(4) O : 0 → +1

2.4 酸化剤と還元剤

酸化還元反応において，相手の物質を酸化する物質を **酸化剤** (oxidant) という．一方，相手の物質を還元する物質を **還元剤** (reductant) という．例えば，マグネシウムと塩素の反応

$$\underset{(0)}{\underline{Mg}} + \underset{(0)}{\underline{Cl}_2} \to \underset{(+2)(-1)}{Mg\,Cl_2} \quad \cdots ②$$

（還元剤）（酸化剤）　　還元された（酸化数減少）
酸化された（酸化数増加）

をみると，式②の塩素のように，相手から電子を受け取りやすい物質は酸化剤となり，金属のように相手に電子を与えやすい物質は還元剤となる．ただし，酸化剤になるか還元剤になるかは，物質で決まっているわけではない．反応する相手との相対的な電子の与えやすさ，受け取りやすさでどちらになるかが決まる．

【例題 12】 次の (1), (2) の化学変化について，電子の授受を示す反応式を書け．

(1) $Cl_2 \to 2Cl^-$　　(2) $Sn^{2+} \to Sn^{4+}$

解答　(1) $Cl_2 + 2e^- \to 2Cl^-$　　(2) $Sn^{2+} \to Sn^{4+} + 2e^-$

2.5 酸化還元反応式

酸化還元反応式は，酸化剤と還元剤の各反応がわかれば，それらを組み合わせてつくることができる．次に示す (1)〜(3) の手順が便利である．

(1) 酸化剤と還元剤の半反応式をつくる．半反応式は，酸化剤または還元剤の水溶液中での働きを電子を含む反応式で示したものである．

　① 酸化剤 (還元剤) を左辺に，その反応生成物を右辺に書く．
　② 両辺の酸素のバランスは，水 H_2O を加えて調節する．
　③ 両辺の水素のバランスは，水素イオンを加えて調節する．
　④ 両辺の電荷のバランスは，電子を加えて調節する．

(2) イオン反応式をつくる.
酸化剤が受け取る電子数と,還元剤が放出する電子数が等しくなるように,各式に係数を掛ける.その後,両式を合計すると電子の項が消える.
(3) 酸化還元反応式を完成させる.
反応に直接関与しなかったイオンを両辺に加える.

表1に,代表的な酸化剤,還元剤とその反応例を示す.

表 1 酸化剤・還元剤と反応例

作用	名称と化学式		反応例 (水溶液中)
酸化剤	過酸化水素	H_2O_2*1	$H_2O_2 + 2H^+ + 2e^- \rightarrow 2H_2O$
	硝酸	HNO_3	$HNO_3(濃) + H^+ + e^- \rightarrow NO_2 + H_2O$
			$HNO_3(希) + 3H^+ + 3e^- \rightarrow NO + 2H_2O$
	熱濃硫酸	H_2SO_4	$H_2SO_4 + 2H^+ + 2e^- \rightarrow SO_2 + 2H_2O$
	過マンガン酸カリウム	$KMnO_4$	$MnO_4^- + 8H^+ + 5e^- \rightarrow Mn^{2+} + 4H_2O$
	オゾン	O_3	$O_3 + 2H^+ + 2e^- \rightarrow O_2 + H_2O$
還元剤	ヨウ化カリウム	KI	$2I^- \rightarrow I_2 + 2e^-$
	二酸化硫黄	SO_2*2	$SO_2 + 2H_2O \rightarrow SO_4^{2-} + 4H^+ + 2e^-$
	硫化水素	H_2S	$H_2S \rightarrow S + 2H^+ + 2e^-$
	シュウ酸	$H_2C_2O_4$	$H_2C_2O_4 \rightarrow 2CO_2 + 2H^+ + 2e^-$
	硫酸鉄 (II)	$FeSO_4$	$Fe^{2+} \rightarrow Fe^{3+} + e^-$
	チオ硫酸ナトリウム	$Na_2S_2O_3$	$2S_2O_3^{2-} \rightarrow S_4O_6^{2-} + 2e^-$

*1 還元剤として働く場合の反応は $H_2O_2 \rightarrow O_2 + 2H^+ + 2e^-$
*2 酸化剤として働く場合の反応は $SO_2 + 4H^+ + 4e^- \rightarrow S + 2H_2O$

【例題 13】 硫酸酸性の過マンガン酸カリウム水溶液 (酸化剤) に,二酸化硫黄 (還元剤) を吹き込んだときの酸化還元反応式を,上述の (1)〜(3) の手順に従って書け.

解答

(1) 酸化剤と還元剤の反応式

過マンガン酸カリウム (硫酸酸性) の半反応式をつくる.

① $MnO_4^- \rightarrow Mn^{2+}$
② $MnO_4^- \rightarrow Mn^{2+} + 4H_2O$
③ $MnO_4^- + 8H^+ \rightarrow Mn^{2+} + 4H_2O$
④ $MnO_4^- + 8H^+ + 5e^- \rightarrow Mn^{2+} + 4H_2O$ ⋯④′

二酸化硫黄の半反応式をつくる.

① $SO_2 \rightarrow SO_4^{2-}$
② $SO_2 + 2H_2O \rightarrow SO_4^{2-}$
③ $SO_2 + 2H_2O \rightarrow SO_4^{2-} + 4H^+$

2. 酸化還元反応

④ $SO_2 + 2H_2O \rightarrow SO_4^{2-} + 4H^+ + 2e^-$ …④″

(2) イオン反応式をつくる．

式④′を2倍し，式④″を5倍して足し合わせると，式⑤が得られる．

$$2MnO_4^- + 5SO_2 + 2H_2O \rightarrow 2Mn^{2+} + 5SO_4^{2-} + 4H^+ \quad \cdots ⑤$$

(3) 酸化還元反応式を完成させる．

式⑤では，カリウムイオンが省略されているので，両辺に $2K^+$ を補うと，イオンの項がなくなる．

$$2KMnO_4 + 5SO_2 + 2H_2O \rightarrow 2MnSO_4 + K_2SO_4 + 2H_2SO_4$$

2.6 酸化還元滴定

酸化還元反応を利用した滴定によって，酸化剤や還元剤の濃度を求めることができる．

【例題14】 濃度不明の過酸化水素水 20 mL に希硫酸を加えて酸性とした溶液に，1.0×10^{-2} mol L^{-1} の過マンガン酸カリウム水溶液 (赤紫色) を加えたところ，少量であれば赤紫色が消えたが，12 mL 加えると消えなくなり，溶液全体が淡赤色となった．過酸化水素水の濃度を求めよ．

解答 酸化剤の半反応式　　$MnO_4^- + 8H^+ + 5e^- \rightarrow Mn^{2+} + 4H_2O$

還元剤の半反応式　　$H_2O_2 \rightarrow O_2 + 2H^+ + 2e^-$

過酸化水素水の濃度を x mol L^{-1} とすると

$$\text{酸化剤の受け取る電子の物質量は } (1.0 \times 10^{-2}) \times \frac{12}{1000} \times 5$$

$$\text{還元剤が放出する電子の物質量は } x \times \frac{20}{1000} \times 2$$

酸化還元反応の終点は，「酸化剤の受け取る電子の物質量 ＝ 還元剤が放出する電子の物質量」だから

$$x = 1.5 \times 10^{-2} \text{ mol L}^{-1}$$

2.7 金属のイオン化傾向

酸化還元反応は物質間での電子の授受で起こる．銅や亜鉛の単体が水溶液中で電子を放出して陽イオンになる反応は**酸化反応**である．また，銅や亜鉛のイオンが単体として析出する逆反応は**還元反応**である．これらの反応もイオン式と電子を含む半反応式で表すことができる．

【酸化】　$Cu \rightarrow Cu^{2+} + 2e^-, \quad Zn \rightarrow Zn^{2+} + 2e^-$

【還元】　$Cu^{2+} + 2e^- \rightarrow Cu, \quad Zn^{2+} + 2e^- \rightarrow Zn$

水溶液中で金属が電子を放出して陽イオンになろうとする傾向を**イオン化傾向** (ionization tendency) という．金属を M として半反応式

$$M \rightarrow M^{n+} + ne^-$$

で表すと，イオン化傾向は酸化反応の進みやすさを示す．イオン化傾向の大きい金属から順に並べた序列を**イオン化列**という（表2）．

$$K > Ca > Na > Mg > Al > Zn > Fe > Ni > Sn > Pb > (H_2) > Cu > Hg > Ag > Pt > Au$$

大 ←──────────── イオン化傾向 ────────────→ 小

表2　金属のイオン化傾向と化学反応性

	K	Ca	Na	Mg	Al	Zn	Fe	Ni	Sn	Pb	(H$_2$)	Cu	Hg	Ag	Pt	Au
空気	常温で酸化			過熱により酸化		強熱により酸化								酸化しない		
水	常温で反応 水素発生			水蒸気と反応 水素発生		反応しにくい										
酸	希酸に溶けて水素発生											酸化力のある酸に溶ける			王水に溶ける	

注意　非金属の水素は，陽イオン H^+ になる傾向があるので比較のためにイオン化列に入れる．王水は，濃硝酸と濃塩酸の体積比 1 : 3 の混合物である．

【例題15】 塩酸にマグネシウム片を浸したときの反応式を書け．

　解答　塩酸中に存在する陽イオン H^+ と，Mg のイオン化傾向を比較する．$Mg > H_2$ であるから，マグネシウムの方がイオンになりやすい．酸化還元では，Mg が還元剤，H^+ が酸化剤であることがわかる．

　それぞれの半反応式は

$$Mg \rightarrow Mg^{2+} + 2e^-, \quad 2H^+ + 2e^- \rightarrow H_2$$

となり，全体の反応式は

$$Mg + 2H^+ \rightarrow Mg^{2+} + H_2$$

となる．

◆ 演習問題 A ◆

【問題 A-15】 次の (1)～(3) の反応において，もとの物質 (左辺) は酸化されたか，還元されたか答えよ．

　(1) $2H_2O \rightarrow 4H^+ + O_2 + 4e^-$　　(2) $I_2 \rightarrow 2I^-$　　(3) $Fe^{2+} \rightarrow Fe^{3+}$

【問題 A-16】 次の (1) 窒素化合物，(2) 塩素化合物における窒素，塩素の酸化数を求めよ．

　(1) HNO_3, NO_2, N_2O_3, NO, N_2H_4

　(2) HCl, $HClO$, $HClO_2$, $HClO_3$, $HClO_4$

2. 酸化還元反応

【問題 A-17】 次の (1)〜(4) の化合物またはイオンの下線の原子の酸化数を求めよ．

(1) $\underline{Fe}_2O_3$　　(2) $\underline{Ti}O_2$　　(3) $\underline{C}O_3{}^{2-}$　　(4) $H_2\underline{S}O_3$

【問題 A-18】 次の (1)〜(4) の変化において，下線の原子が酸化されているもの (O)，還元されているもの (R)，酸化も還元もされていないもの (N) に分類せよ．

(1) $K\underline{Mn}O_4 \to \underline{Mn}SO_4$　　(2) $\underline{N}H_3 \to \underline{N}H_4Cl$

(3) $K\underline{Br} \to \underline{Br}_2$　　(4) $\underline{I}_2 \to K\underline{I}O_3$

【問題 A-19】 次の (1), (2) の反応において，下線の物質は酸化剤，還元剤のどちらとして働いているか答えよ．

(1) $2HgCl_2 + \underline{SnCl_2} \to Hg_2Cl_2 + SnCl_4$

(2) $\underline{K_2Cr_2O_7} + 14HCl \to 2KCl + 2CrCl_3 + 3Cl_2 + 7H_2O$

【問題 A-20】 クロム酸カリウムが酸化剤として働く場合のイオン反応式をつくれ．

【問題 A-21】 過酸化水素 H_2O_2 (硫酸酸性) とヨウ化カリウム KI の酸化還元反応式を書け．

【問題 A-22】 硫酸酸性とした過マンガン酸カリウム溶液をシュウ酸ナトリウム溶液で滴定するときの反応式を書け．

【問題 A-23】 次の (1)〜(3) の記述から，金属 A〜D をイオン化傾向の大きい順に並べよ．

(1) C は常温で水と反応するが，A, B, D は反応しない．
(2) A は希硫酸と反応して水素を発生するが，B, D は反応しない．
(3) D の化合物の水溶液に B を入れたら，B の表面に D が析出した．

◆ 演習問題 B ◆

【問題 B-13】 次の (1)〜(6) の物質の変化で，酸化されているもの，還元されているものを選べ．

(1) $CH_4 \to CH_3OH$　　(2) $H_2O_2 \to H_2O$　　(3) $SO_2 \to SO_3$
(4) $Fe \to Fe^{2+}$　　(5) $C_6H_6 \to C_6H_{12}$　　(6) $MnO_4{}^- \to Mn^{2+}$

【問題 B-14】 次の (1)〜(4) の化合物またはイオンの下線の原子の酸化数を求めよ．

(1) $H_3\underline{P}O_4$　　(2) $\underline{N}H_4{}^+$　　(3) $K_2\underline{Cr}O_4$　　(4) $H_2\underline{P}O_4{}^-$

【問題 B-15】 次の (1)〜(3) の反応において，下線の原子が酸化されているもの (O)，還元されているもの (R)，酸化も還元もされていないもの (N) に分類せよ．

(1) $\underline{Ca}(OH)_2 + H_3PO_4 \to Ca(HPO_4)_2 + 2H_2O$

(2) $CaCl(\underline{Cl}O) \cdot H_2O + 2HCl \to CaCl_2 + Cl_2 + 2H_2O$

(3) $Ca\underline{C}_2 + 2H_2O \to Ca(OH)_2 + C_2H_2$

【問題 B-16】 次の (1)〜(3) の反応において，下線の物質は酸化剤か還元剤か分類せよ．

(1) $\underline{H_2O_2} + H_2SO_4 + 2KI \rightarrow 2H_2O + I_2 + K_2SO_4$

(2) $2\underline{KI} + Cl_2 \rightarrow I_2 + 2KCl$

(3) $2H_2S + \underline{SO_2} \rightarrow 3S + 2H_2O$

【問題 B-17】 H_2O_2，SO_2，H_2S は，それぞれ次の (1)〜(3) の酸化還元反応を起こす．これから H_2O_2，SO_2，H_2S を酸化作用の強い順に並べよ．

(1) $H_2O_2 + SO_2 \rightarrow H_2SO_4$

(2) $H_2S + H_2O_2 \rightarrow S + 2H_2O$

(3) $2H_2S + SO_2 \rightarrow 3S + 2H_2O$

【問題 B-18】 次の (1)〜(3) の酸化剤の変化と，(4)〜(6) の還元剤の変化から，それぞれ酸化剤，還元剤としての半反応式を書け．

(1) $O_3 \rightarrow O_2$ (2) $HNO_3 \rightarrow NO$ (3) $FeCl_3 \rightarrow FeCl_2$

(4) $H_2 \rightarrow H^+$ (5) $HCOOH \rightarrow CO_2$ (6) $H_2O_2 \rightarrow O_2$

【問題 B-19】 過酸化水素と過マンガン酸カリウム (硫酸酸性) の酸化還元反応式を書け．

【問題 B-20】 硫酸酸性のヨウ素酸カリウム (KIO_3) によって，KI からヨウ素を遊離させる反応式を，酸化と還元の半反応式を用いて書け．

【問題 B-21】 次の①〜③の現象について，下の (1), (2) の問いに答えよ．

① 硝酸銅 (II) 水溶液に Pb を浸しておくと，Pb 表面に Cu が析出する．
② 硝酸銀水溶液に Cu を浸しておくと，Cu 表面に Ag が析出する．
③ 硝酸鉛 (II) 水溶液に Zn を浸しておくと，Zn 表面に Pb が析出する．

(1) ①〜③の化学反応をイオン反応式で書け．
(2) ①〜③の反応から考えて，Pb, Cu, Ag, Zn をイオン化傾向の大きい順に並べよ．

3. 電池と電気分解

3.1 電池の原理

化学変化で発生するエネルギーを電気エネルギーに変えて，電流として取り出す装置を**化学電池** (chemical cell) という．電池は**負極** (negative electrode)，**正極** (positive electrode) の電極と**電解質** (electrolyte) を含む電解液からなる．負極で酸化反応が，正極で還元反応が起きると**電流** (current) が発生する．

銅と亜鉛を希硫酸に浸したとき (図 3 (a))，銅は希硫酸に溶けず，その表面は変化しない．しかし，亜鉛は希硫酸に溶け出し，その表面から水素が発生する．

$$Zn + H_2SO_4 \rightarrow ZnSO_4 + H_2$$

3. 電池と電気分解

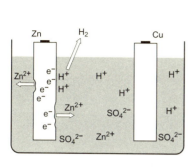 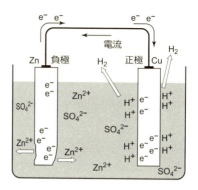

(a) 銅と亜鉛を離して希硫酸に浸した　　(b) 銅と亜鉛を外部回路でつないで浸した

図 3　銅と亜鉛を希硫酸に浸したときの様子

この変化は，亜鉛原子が電子を放出して亜鉛イオンになり，その電子を溶液中の水素イオンが受け取って水素分子が生じて起こる．正味の変化は，2つの半反応式

【酸化】　　$Zn \rightarrow Zn^{2+} + 2e^-$

【還元】　　$2H^+ + 2e^- \rightarrow H_2$

で表すことができる．

　図3 (b)のように，希硫酸に亜鉛板と銅板を浸し，外部回路でつないで電気を取り出す装置を**ボルタ電池**という．ボルタ電池では，水素は亜鉛の表面ではなく，溶け出さない銅の表面で発生する．Znは，H_2よりイオン化傾向が大きいためZn^{2+}となり，電子を亜鉛に残して溶液に溶ける．一方，CuはH_2よりイオン化傾向が小さく，イオンになりにくい．両金属を外部回路でつなぐと，亜鉛中に生じた電子は導線を通って銅に移動する．このため，銅表面は溶液中にある陽イオンのZn^{2+}やH^+を引き付ける．Zn^{2+}よりH^+の方が電子を受け取りやすいので，銅板の表面からH_2が発生する．しかし，銅表面に発生したH_2が銅電極での電子の受け渡しを妨げ，生成した水素が電離して**起電力**(electromotive force，発生電力)を下げる現象が起こる(**電池の分極**)．

【負極…酸化反応】　　$Zn \rightarrow Zn^{2+} + 2e^-$

　　　　　　　　　　　　　↓外部回路

【正極…還元反応】　　　$2H^+ + 2e^- \rightarrow H_2$

　ダニエル電池は，ボルタ電池の分極を避けることができる．

【例題16】 次の文中の空欄①〜⑥に，最もよくあてはまる語句を入れて文を完成させよ．

ダニエル電池は，硫酸銅(Ⅱ)水溶液に〔①〕板を〔②〕水溶液に亜鉛板を浸し，両液の混合を防ぐために素焼き板で仕切った構造である．負極では〔③〕イオンが溶液に溶け出し，〔④〕が正極に移動する．正極では〔④〕を Cu^{2+} が受け取り，Cu が〔①〕板上に析出する．ダニエル電池では，負極では $Zn \rightarrow Zn^{2+} + 2e^-$，正極では $Cu^{2+} + 〔⑤〕e^- \rightarrow Cu$ が起こり，全体の反応式は，$Zn + Cu^{2+} \rightarrow Zn^{2+} + Cu$ となる．負極側では Zn^{2+} が生成し，正極では Cu^{2+} が消費されるため，負極側では〔⑥〕が不足し，正極側では〔⑥〕が余る．この電荷の不均衡を解消するために，SO_4^{2-} または Zn^{2+} が素焼き板を通じて移動する．

解答 ① 銅　② 硫酸亜鉛　③ 亜鉛 (Zn^{2+})　④ 電子 (e^-)　⑤ 2　⑥ 陰イオン

3.2 電気分解

外部から電気エネルギーを加えて，自発的には起こらない酸化還元反応を起こす操作を**電気分解** (electrolysis, **電解**) という．

例えば，塩化銅(Ⅱ) $CuCl_2$ を水に溶かし，2本の炭素棒を電極として電流を流すと，陰極側には金属の銅が析出し，陽極側からは塩素の気体が発生する (図4)．このように，塩化銅(Ⅱ)水溶液の電気分解によって起きた反応の半反応式は

【陰極…還元反応】　　$Cu^{2+} + 2e^- \rightarrow Cu$

【陽極…酸化反応】　　$2Cl^- \rightarrow Cl_2 + 2e^-$

で表す．電気分解では，外部の直流電源の負極と接続した電極を**陰極** (cathode)，正極と接続した電極を**陽極** (anode) という．

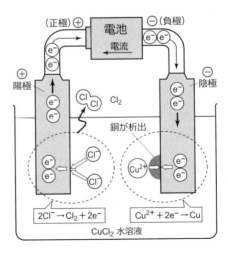

図4　電気分解

3. 電池と電気分解

【例題17】 次の文中の空欄①〜⑩に，最もよくあてはまる語句を入れて文を完成させよ．
電気分解は，電解質の水溶液や融解液に外部から〔 ① 〕を流して，〔 ② 〕反応を起こさせ，電解質を変化させる操作である．電極で起こる変化は，〔 ③ 〕内で起こる変化の逆である．電池の正極につないだ方を〔 ④ 〕，負極につないだ方を〔 ⑤ 〕という．陰極での反応は，〔 ⑥ 〕反応で，水溶液中の〔 ⑦ 〕イオンが〔 ⑧ 〕を受け取る．陽極での反応は，〔 ⑨ 〕反応で，水溶液中の〔 ⑩ 〕イオンが電子を放出する．

解答　① 電流　② 酸化還元　③ 電池　④ 陽極　⑤ 陰極　⑥ 還元
⑦ 陽　⑧ 電子　⑨ 酸化　⑩ 陰

3.3　電気分解の法則

負極が放出する電子の数と，正極が受け取る電子の数は等しい．ボルタ電池において，電子 2 mol が流れると，負極の亜鉛から Zn^{2+} イオンが 1 mol 生成し，正極上で水素が 1 mol 発生する．**電気量** (quantity of electricity) Q は，電子の流れ（電流；A）と時間（秒；s）の積で，その単位は C (**クーロン**) である．

$$Q\,(\mathrm{C}) = I\,(\mathrm{A}) \times t\,(\mathrm{s})$$

1 C (クーロン) は，1 A (アンペア) の電流が 1 s (秒) 間に流れたときの電気量を表す．電子 1 個の電気量は 1.60×10^{-19} C で，電子 1 mol あたりの電気量は 9.65×10^4 C である．9.65×10^4 C mol^{-1} を**ファラデー定数** (Faraday constant) F という．

電池の両極で酸化還元反応による電子の授受が起きて 1 mol の電子が流れると，9.65×10^4 C の電気量が生じる．

$$\text{流れた電子の物質量 mol} = \frac{\text{流れた電気量}\,Q\,(\mathrm{C})}{\text{ファラデー定数}} = \frac{\text{電流}\,I\,(\mathrm{A}) \times \text{時間}\,t\,(\mathrm{s})}{9.65 \times 10^4\,\mathrm{C\,mol^{-1}}}$$

化学反応の進行と電気量の関係を**ファラデーの法則** (Faraday's law) といい，次のようにまとめられる．

(1) 電極で変化するイオンの物質量は，流れた電気量に比例する．
(2) 一定の電気量を流したとき電極で変化するイオンの物質量は，イオンの価数に反比例する．

【例題18】 白金電極を用いて，硫酸銅 (II) 水溶液に 2.00 A の電流を 32 分 10 秒間通じて電気分解した．このとき，陰極の質量の増加は何 g か．ただし，原子量は Cu = 64 とする．

解答　通じた電気量は $2.00 \times (32 \times 60 + 10) = 3.86 \times 10^3$ C mol^{-1}，流れた電子の物質量は $\dfrac{3.86 \times 10^3}{9.65 \times 10^4} = 0.040$ mol である．

陰極での反応は $Cu^{2+} + 2e^- \rightarrow Cu$ より，2 mol の電子が反応すると，1 mol の Cu が析出する．したがって，0.040 mol の電子で析出する Cu の質量は $0.020 \times 64 = 1.28$ g である．

◆ 演習問題 A ◆

【問題 A-24】 ダニエル電池について，次の (1)〜(4) の問いに答えよ．

(1) ダニエル電池の正極材料および負極材料は何か．
(2) ボルタ電池は $(-)\mathrm{Zn}|\mathrm{H_2SO_4}\ \mathrm{aq}|\mathrm{Cu}(+)$ と表せる．これに従ってダニエル電池を表せ．
(3) 酸化反応が起きているのは正極，負極のどちらか．
(4) 正極と負極で起きている反応を半反応式で書け．

【問題 A-25】 2本の白金電極を用いて，次の (1), (2) の水溶液の電気分解を行った．陽極と陰極で起こる反応を反応式で書け．

(1) $\mathrm{H_2SO_4}$ 水溶液 　　(2) NaOH 水溶液

【問題 A-26】 2本の白金電極を用いて希硫酸水溶液の電気分解を 0.2 A の定電流で行ったところ，陽極から酸素ガスが発生し，その体積は標準状態に換算して 89.6 mL であった．陰極で発生した水素の体積を求めよ．

【問題 A-27】 白金電極を用いて，十分な濃度の塩化銅(Ⅱ) $\mathrm{CuCl_2}$ 水溶液を 32 分 10 秒間，2.00 A の一定電流で電気分解した．ファラデー定数 $F = 9.65 \times 10^4\ \mathrm{C\,mol^{-1}}$ として，次の (1)〜(4) の問いに答えよ．

(1) 流れた電気量はいくらか．
(2) 反応した電子の物質量はいくらか．
(3) 陰極で起こった反応を，電子 e^- を含む半反応式で示せ．
(4) 陰極で析出した銅の物質量はいくらか．

◆ 演習問題 B ◆

【問題 B-22】 鉛蓄電池の放電反応について，次の (1), (2) の問いに答えよ．

【正極】 $\mathrm{PbO_2 + 4H^+ + SO_4^{2-} + 2e^- \rightarrow PbSO_4 + 2H_2O}$

【負極】 $\mathrm{Pb + SO_4^{2-} \rightarrow PbSO_4 + 2e^-}$

(1) 電池を放電すると正極の質量が 1.6 g 増加した．このとき，電解液から失われた硫酸の質量はいくらか．
(2) 放電反応により，酸化された物質と還元された物質を答えよ．

【問題 B-23】 硫酸銅(Ⅱ) および硝酸銀を少し溶解させた希硫酸水溶液がある．この溶液中に 2 本の白金電極を浸して電気分解を行い続けた場合，陰極で生じる変化を化学反応式で表せ．

【問題 B-24】 ダニエル電池は，硫酸亜鉛 $\mathrm{ZnSO_4}$ 水溶液に亜鉛板を，硫酸銅 $\mathrm{CuSO_4}$ 水溶液に銅板を浸し，両液の混合を防ぐためにガラスフィルターで連結してある．両金属板を導線で結ぶと次の反応が起こる．

3. 電池と電気分解

【負極…酸化反応】　　Zn → Zn^{2+} + $2e^-$

　　　　　　　　　　　　　　　　　　↓ 外部回路

【正極…還元反応】　　　　Cu^{2+} + $2e^-$ → Cu

　ダニエル電池の外部回路に可変抵抗器を組み込み，全抵抗値を 0.50 Ω に調整して 10 分間作動すると，銅板の質量が 0.43 g 増加した．ダニエル電池の起電力を求めよ．

【問題 B-25】 ボルタ電池の両極間の電流を標準状態で測定した．はじめは約 0.50 A を示したが，間もなく正極上に水素が発生し，40 秒後から電流値が低下した．電流値低下前の 40 秒間に，負極から溶出した亜鉛の質量と，正極上に発生した水素の体積を求めよ．

IV 編　有機化合物

1. 有機化合物の特徴と構造

　　Chemical Abstracts Service (CAS) は，世界で最も権威ある化合物データベースである．2014年現在，9000万件を超える化合物が登録されており，炭素を含む多数の有機化合物が含まれている．有機化合物は，炭素のほか，水素・酸素・窒素・リン・硫黄・ハロゲン元素などの数種類の元素からできている．生物を構成する化合物の大部分も有機化合物である．

1.1 有機化合物の特徴

　　一酸化炭素 CO，二酸化炭素 CO_2，炭酸ナトリウム Na_2CO_3 などの炭酸塩，シアン化ナトリウム NaCN のようなシアン化物などの簡単な炭素化合物を除いて，炭素原子を含む化合物は**有機化合物** (organic compound)，それ以外の化合物は**無機化合物** (inorganic compound) に分類されている．有機化合物には，無機化合物と比較して，次のような特徴がある (表1)．

表 1　有機化合物と無機化合物の比較

	有機化合物	無機化合物
構成元素	C と H, N, O, P, S ハロゲン元素など	すべての元素が含まれる
化合物の種類	極めて多い	比較的少ない
結合	共有結合	イオン結合，金属結合，共有結合
性質	一般に融点・沸点が低い 可燃性の化合物が多い	無機化合物に共通する性質はない

(1) 有機化合物を構成する元素は，炭素 C，水素 H，酸素 O，窒素 N，硫黄 S などであり，約10種類と少ない．しかし，化合物の種類は極めて多い．

(2) 基本的な元素は炭素 C である．炭素原子は隣接する原子と4つの共有結合をして連鎖し，分子の骨格を構成する (図1)．結合では単結合 C−C だけでなく，二重結合 C=C と三重結合 C≡C もできる．

(3) 連鎖の仕方によって分子の構造は鎖状構造や環状構造になる．

(4) 共有結合性の化合物だから，融点・沸点は低く，可燃性のものが多い．

(5) 極性 (分子内の電荷の偏り) の小さい分子が多く，水に溶けにくいが，有機溶媒に溶けやすい．

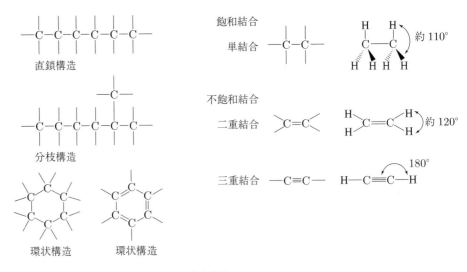

図 1 炭素原子がつくる基本構造
単結合を飽和結合，二重結合と三重結合を不飽和結合ともいう．

1.2 有機化合物の分類

　炭素と水素だけからできている化合物は**炭化水素** (hydrocarbon) とよばれ，有機化合物の分子の基本的な骨格となっている．炭化水素には，炭素どうしが鎖状に結合している**鎖式炭化水素**と，炭素の環状構造を含む**環式炭化水素**がある．環式炭化水素は，ベンゼンのような構造をもつ**芳香族炭化水素**と，それ以外の**脂環式炭化水素**に分けられる．炭素原子間の結合がすべて単結合からできている炭化水素を**飽和炭化水素**，それ以外で炭素原子間の二重結合や三重結合を含むものを**不飽和炭化水素**という．

　有機化合物の部分構造をつくっている原子団を示すのに**基**という用語を使う．炭化水素から水素原子が1個以上とれた原子団を**炭化水素 (アルキル) 基** (R−と表す) という (表2)．また，有機化合物の特徴を決める原子団を**官能基** (functional group) という．官能基は炭素，水素以外の原子を含み，それぞれ特有の性質をもつ (表3)．

1.3 有機化合物の表し方

　有機化合物を表すには，分子式，示性式，構造式などを用いる (図2)．有機化合物の成分元素と原子数を，C, H, O, N の順で表す式を**分子式** (molecular formula) という．これ以外の原子はアルファベット順で表す．分子式の中から官能基を取り出して，化合物の特徴を表した式を**示性式** (rational formula) という．分子の中の原子の結合の様子を示した式を**構造式** (structural formula) という．原子間の結合は**価標** (−) を用いて表す．原子のつながり方がわかる場合には価標を省略できる．表4に有機化合物の化学式の例を示す．

1. 有機化合物の特徴と構造

表 2 アルキル基の名称

名称	示性式	名称	示性式
メチル基 (methyl)	CH_3-	プロピル基 (propyl)	$CH_3CH_2CH_2-$
エチル基 (ethyl)	CH_3CH_2-	ブチル基 (butyl)	$CH_3CH_2CH_2CH_2-$

表 3 官能基による有機化合物の分類

官能基の種類		化合物の一般名	化合物の例	**
ヒドロキシ基 (水酸基)	$-OH$	アルコール	メタノール	CH_3-OH
		フェノール類	フェノール	C_6H_5-OH
ホルミル基*	$-CH=O$	アルデヒド	アセトアルデヒド	$CH_3-\underset{H}{\overset{}{C}}=O$
カルボニル基* (ケトン基)	$>C=O$	ケトン	アセトン	$\underset{CH_3}{\overset{CH_3}{>}}C=O$
カルボキシ基	$-\underset{OH}{C=O}$	カルボン酸	酢酸	$CH_3-\underset{OH}{C=O}$
ニトロ基	$-NO_2$	ニトロ化合物	ニトロベンゼン	$C_6H_5-NO_2$
アミノ基	$-NH_2$	アミノ化合物	アニリン	$C_6H_5-NH_2$
スルホ基	$-SO_3H$	スルホン酸	ベンゼンスルホン酸	$C_6H_5-SO_3H$
エーテル結合	$-C-O-C-$	エーテル	ジエチルエーテル	$C_2H_5-O-C_2H_5$
エステル結合	$-\underset{O-}{C=O}$	エステル	酢酸エチル	$CH_3-\underset{OC_2H_5}{C=O}$

* ホルミル基とケトン基をまとめてカルボニル基ということがある.
** アルキル基と官能基を結ぶ価標 ($-$) を省いても構わない.

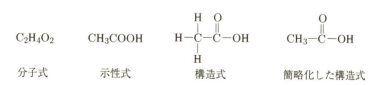

$C_2H_4O_2$	CH_3COOH	構造式	簡略化した構造式
分子式	示性式		

図 2 有機化合物 (酢酸) の化学式

表 4 有機化合物の例

炭素数	日本語名 (name)	日本語名 (name)	日本語名 (name)
1	メタン (methane) CH_4	メタノール (methanol) CH_3OH	ギ酸 (formic acid) $HCOOH$
2	エタン (ethane) CH_3CH_3	エタノール (ethanol) CH_3CH_2OH	酢酸 (acetic acid) CH_3COOH
3	プロパン (propane) $CH_3CH_2CH_3$	プロパノール (propanol) $CH_3CH_2CH_2OH$	プロピオン酸 (propionic acid) CH_3CH_2COOH
4	ブタン (butane) $CH_3CH_2CH_2CH_3$	ブタノール (butanol) $CH_3CH_2CH_2CH_2OH$	ブタン酸 (butanoic acid) $CH_3CH_2CH_2COOH$

【例題1】 有機化合物についての次の記述 (1)～(7) のうち，正しいものをすべて選べ．

(1) 有機化合物は，炭素原子を骨格とした化合物である．
(2) 有機化合物が完全燃焼すると，必ず二酸化炭素を生成する．
(3) 有機化合物の構成元素の種類が多いため，その化合物の種類は多い．
(4) 有機化合物の化学的性質は，おもに官能基とよばれる原子団で決まる．
(5) 有機化合物は水に溶けやすく，有機溶媒に溶けやすいものが多い．
(6) 有機化合物には分子からなる物質が多く，融点・沸点の低いものが多い．
(7) 有機化合物はすべて天然に存在し，合成することはできない．

解答 (1), (2), (4), (6)

◆ 演習問題 A ◆

【問題 A-1】 エタノールを例にして，分子式，示性式，構造式の違いを説明せよ．

【問題 A-2】 プロパノールを例にして，分子式，示性式，構造式の違いを説明せよ．

【問題 A-3】 ブタンを例にして，分子式，示性式，構造式の違いを説明せよ．

◆ 演習問題 B ◆

【問題 B-1】 アセトアルデヒドを例にして，分子式，示性式，構造式の違いを説明せよ．

【問題 B-2】 ブタン酸を例にして，分子式，示性式，構造式の違いを説明せよ．

【問題 B-3】 ブタノールを例にして，分子式，示性式，構造式の違いを説明せよ．

【問題 B-4】 アセトンを例にして，分子式，示性式，構造式の違いを説明せよ．

2. 脂肪族炭化水素 (アルカン・アルケン・アルキン)
2.1 飽和炭化水素
2.1.1 アルカンとその構造

メタン CH_4 やエタン CH_3CH_3 などのように，炭素原子間の結合がすべて単結合からなり，一般式 C_nH_{2n+2} で表す鎖式飽和炭化水素を**アルカン** (alkane) という．アルカンは環も二重結合もないので，水素 H の数が最大である．メタン CH_4 は最も簡単なアルカンで，正四面体構造をしており，その中心に炭素，頂点に水素が位置している．エタン CH_3CH_3 は，2つのメタン分子から水素原子を1個ずつ取り除き，炭素どうしを単結合させた構造になっている．炭素が2個以上のアルカンでも，それぞれの炭素原子を中心とする四面体をつないだ構造をしている．アルカン分子の炭素間の結合 (C−C) は回転できる (図 3)．

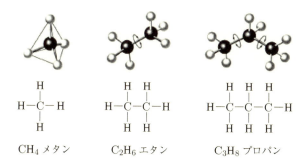

CH_4 メタン　　C_2H_6 エタン　　C_3H_8 プロパン

図 3　メタン・エタン・プロパンの分子構造

炭素数1～3のアルカンには異性体は存在しないが，炭素数4のブタン C_4H_{10} から異性体が存在する．炭素数5のアルカン C_5H_{12} には，直鎖状のペンタン，分枝状の2-メチルブタンと 2,2-ジメチルプロパンの3種類が存在する (表 5)．炭素原子の結合の仕方や，不飽和結合や官能基の位置が異なる異性体を**構造異性体** (structural isomer) という．

表 5　ペンタンの異性体

ペンタン	2-メチルブタン	2,2-ジメチルプロパン
$CH_3CH_2CH_2CH_2CH_3$	$CH_3CH_2CHCH_3$ | CH_3	CH_3 | CH_3CCH_3 | CH_3

2.1.2 アルカン

アルカンは天然ガスの成分として多量に産出される．メタンは，天然ガスの主成分である他に，生物の腐敗や発酵などで生じる．アルカンは炭素数の増加につれて融点・沸点が上昇する (表 6)．液体のアルカンは水よりも密度が小さく，水に溶けにくいが，炭化水素やジエチルエーテル $CH_3CH_2OCH_2CH_3$ などの有機溶媒にはよく溶ける．

アルカンは化学反応性に乏しい．常温付近では，酸・塩基・酸化剤・還元剤などと反応しにくいが，空気中で点火すると激しく燃焼する．アルカンは燃焼熱が大きく，メタンやプロパンは燃料として広く用いられる．

$$CH_4(気) + 2O_2(気) = CO_2(気) + 2H_2O(液) + 891 \text{ kJ}$$

メタン CH_4 と塩素 Cl_2 の混合気体に光を当てると，メタンの水素が塩素原子に置き換わったクロロメタン CH_3Cl を生じる．このように，アルカンと塩素 Cl_2 や臭素 Br_2 などのハロゲンとの混合気体に光を当てると反応が起こる．

$$CH_4 + Cl_2 \rightarrow CH_3Cl + HCl$$

$$CH_4 \xrightarrow{+Cl_2, 光} CH_3Cl \xrightarrow{+Cl_2, 光} CH_2Cl_2 \xrightarrow{+Cl_2, 光} CHCl_3 \xrightarrow{+Cl_2, 光} CCl_4$$

メタン　　クロロメタン　　　ジクロロメタン　　トリクロロメタン　　テトラクロロメタン
　　　　　(塩化メチル)　　　(塩化メチレン)　　(クロロホルム)　　　(四塩化炭素)
　　　　　(沸点 −24℃)　　　(沸点 40℃)　　　(沸点 61℃)　　　　(沸点 77℃)

塩素が十分にあれば，メタンの水素原子は次々と塩素原子に置き換わり，最終的に四塩化炭素 CCl_4 になる．このように，分子中の原子や原子団 (基) が他の原子や原子団 (基) と置き換わる反応を**置換反応** (substitution reaction) という．塩素に置き換わる反応を**塩素化**，臭素に置き換わる反応を**臭素化**という．

表 6　直鎖状アルカンの性質

炭素数	名称	分子式	融点 (°C)	沸点 (°C)	常温での状態
1	メタン	CH_4	−183	−161	気体
2	エタン	C_2H_6	−184	−89	気体
3	プロパン	C_3H_8	−188	−42	気体
4	ブタン	C_4H_{10}	−138	−1	気体
5	ペンタン	C_5H_{12}	−130	36	液体
6	ヘキサン	C_6H_{14}	−95	69	液体
7	ヘプタン	C_7H_{16}	−91	98	液体
8	オクタン	C_8H_{18}	−57	126	液体
9	ノナン	C_9H_{20}	−54	151	液体
10	デカン	$C_{10}H_{22}$	−30	174	液体
18	オクタデカン	$C_{18}H_{38}$	28	317	固体

2. 脂肪族炭化水素

2.1.3 シクロアルカン

アルカンの炭素鎖の一部または全部が環状になった構造をもつ飽和炭化水素を**シクロアルカン** (cycloalkane) という (図4). 一般式 C_nH_{2n} ($n > 3$) で表すが，炭素原子間の結合がすべて単結合なので，化学的性質はアルカンと似ている．シクロヘキサン C_6H_{12} はベンゼン C_6H_6 から生成され，溶媒やナイロンの原料として用いられる.

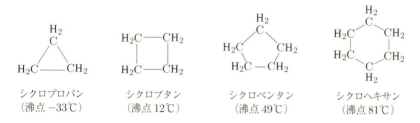

シクロプロパン　　シクロブタン　　シクロペンタン　　シクロヘキサン
(沸点 −33℃)　　(沸点 12℃)　　(沸点 49℃)　　(沸点 81℃)

図4　シクロアルカンの種類

2.2 不飽和炭化水素

2.2.1 アルケン

炭素原子間に共有結合をつくるとき，2つの炭素原子で共有電子対を2組共有することができる．2組の共有電子対を炭素原子間に共有した結合を**二重結合** (double bond) という．エテン (エチレン) $CH_2=CH_2$ やプロペン (プロピレン) $CH_3CH=CH_2$ などのように，分子中の炭素原子間に二重結合を1つ含み，一般式 C_nH_{2n} で表す鎖式炭化水素を**アルケン** (alkene) という．アルケン分子では，二重結合で結ばれている2個の炭素原子とこれらの炭素原子に結合している4個の原子は，同じ平面上にある．単結合と異なり二重結合はそれを軸として回転できない (表7).

アルケンの融点・沸点は，同じ炭素数のアルカンに類似している．水には溶けにくいが有機溶媒に溶けやすい．エテン (エチレン) には，植物ホルモン作用があり果実の熟成を促進するが，成熟した果実は微量のエテン (エチレン) を発生する．アルケンの二重結合は回転できないので，異性体が生じる場合がある．例えば，2-ブテンでは，2個のメチル基が二重結合に対して同じ側に位置しているシス形と反対側に位置しているトランス形とが存在する (表7)．このような異性体を**シス-トランス異性体** (cis-trans isomers) という．これは分子の立体的な構造が異なるために生じる立体異性体の1つである.

表7　アルケンの構造

エテン (エチレン) ethene (ethylene)	シス-2-ブテン *cis*-2-butene	トランス-2-ブテン *trans*-2-butene
H 121.5° H C=C 117° H　　H	H　　H C=C H_3C　　CH_3	H　　CH_3 C=C H_3C　　H

アルケンは二重結合の部分でいろいろな反応を起こす．そのため，アルカンに比べ反応性に富む．例えば，臭素水にエテン (エチレン) を通じると，無色の 1,2-ジブロモエタンを生成し，臭素水の赤褐色が消える．

$$\begin{array}{c}H\\H\end{array}C=C\begin{array}{c}H\\H\end{array} + Br_2 \longrightarrow H-\underset{Br}{\overset{H}{C}}-\underset{Br}{\overset{H}{C}}-H \quad \text{1,2-ジブロモエタン}$$

エテン (エチレン) に白金やニッケルを触媒として水素を付加させるとエタンになる．リン酸を触媒として水を付加させるとエタノールになる．

$$CH_2 = CH_2 + H_2 \longrightarrow CH_3-CH_3$$
エテン　　　　　　　　　エタン
(エチレン)

$$CH_2 = CH_2 + H-OH \longrightarrow CH_3-CH_2OH$$
エテン　　　　　　　　　　　エタノール
(エチレン)

このように，二重結合や三重結合が切れ，その部分に他の原子や原子団 (基) が結合する反応を**付加反応**という．アルケンは付加反応を起こしやすい．

エテン (エチレン) や塩化ビニルを，ある条件下で反応させると，次々と付加反応が起こり，ポリエチレンやポリ塩化ビニルが生成する．このように，分子量の小さい化合物 (**単量体**または**モノマー** monomer) が，多数繰り返し結合して分子量の大きな化合物 (**重合体**または**ポリマー** polymer) をつくる反応を**重合**といい，付加反応によって進む重合を**付加重合** (addition polymerization) という．また，分子量が 1 万を超える分子を**高分子化合物** (high-molecular compound) あるいは単に**高分子**という．

$$n \, \begin{array}{c}H\\H\end{array}C=C\begin{array}{c}H\\H\end{array} \longrightarrow \left[\begin{array}{cc}H & H\\ C-C \\ H & H\end{array}\right]_n \qquad n \, \begin{array}{c}H\\H\end{array}C=C\begin{array}{c}H\\Cl\end{array} \longrightarrow \left[\begin{array}{cc}H & H\\ C-C \\ H & Cl\end{array}\right]_n$$
　エテン　　　　　ポリエチレン　　　　塩化ビニル　　　ポリ塩化ビニル
(エチレン)

2.2.2 アルキン

エチン (アセチレン) HC≡CH のように，炭素原子間に三重結合を 1 つ含み，一般式 C_nH_{2n-2} ($n > 2$) で表す鎖式炭化水素を**アルキン** (alkyne) という．アルキン分子では，三重結合を形成している炭素原子と，これらの炭素原子に結合している 2 つの原子は同一直線上にある．エチン (アセチレン) HC≡CH は三重結合をもつので，アルケンと同様に付加反応を起こしやすい．臭素水に通じると，臭素が付加し，段階的に 1,2-ジブロモエチレン，1,1,2,2-テトラブロモエタンを生じる．また，エチン (アセチレン) に塩化水素を付加させると塩化ビニルになり，酢酸を付加させると酢酸ビニルを生じる．

2. 脂肪族炭化水素

これらは付加重合により，ポリ塩化ビニル，ポリ酢酸ビニルなどの高分子となる．

【例題 2】 次の炭化水素 (ア)～(エ) について，下の (1)～(5) の問いにすべて記号で答えよ．

(ア) エタン　　(イ) エチレン　　(ウ) アセチレン　　(エ) メタン

(1) すべての原子が一直線上にある分子はどれか．
(2) すべての原子が同一平面上にある分子はどれか．
(3) 炭素原子間の結合を軸として，自由に回転できる分子はどれか．
(4) 正四面体型の構造をしている分子はどれか．
(5) 臭素水と反応して，臭素の色を脱色する分子はどれか．

解答　(1) (ウ)　　(2) (イ)　　(3) (ア)　　(4) (エ)　　(5) (イ), (ウ)

◆ 演習問題 A ◆

【問題 A-4】 プロパン $CH_3CH_2CH_3$ の水素原子 2 個をそれぞれ塩素原子 Cl で置換した化合物には，何種類の構造異性体が存在するか．構造式および化合物の名称を書け．

【問題 A-5】 エチレン $H_2C=CH_2$ の水素原子 2 個をそれぞれ塩素原子 Cl で置換した化合物には，何種類の異性体が存在するか．構造式および化合物の名称を書け．

【問題 A-6】 炭素数 5 のアルカン C_5H_{12} の構造異性体の沸点は，$CH_3CH_2CH_2CH_2CH_3$ 36.1°C，$(CH_3)_2CHCH_2CH_3$ 27.9°C，$(CH_3)_4C$ 9.5°C である．この沸点の違いを説明せよ．

【問題 A-7】 次のアルカン (1)～(10) の分子式と構造式を書け．

(1) メタン　　(2) エタン　　(3) プロパン　　(4) ブタン　　(5) ペンタン
(6) ヘキサン　　(7) ヘプタン　　(8) オクタン　　(9) ノナン　　(10) デカン

【問題 A-8】 次のシクロアルカン (1)～(4) の分子式と構造式を書け．

(1) シクロプロパン　　(2) シクロブタン　　(3) シクロペンタン
(4) シクロヘキサン

【問題 A-9】 次のアルケン (1)～(7) の分子式と構造式を書け．

(1) エテン (エチレン)　　(2) プロペン　　(3) 1-ブテン
(4) トランス-2-ブテン　　(5) シス-2-ブテン　　(6) 1,3-ブタジエン
(7) 2-メチル-1,3-ブタジエン

◆ 演習問題 B ◆

【問題 B-5】 C_6H_{14} の分子式をもつアルカンの構造異性体は 5 種類ある．それらの構造式と名称を書け．

【問題 B-6】 C_5H_{10} の分子式をもつシクロアルカンの構造異性体の構造式をすべて示せ．

【問題 B-7】 プロペン C_3H_6 とプロピン C_3H_4 のうち，次のそれぞれにあてはまるのはどちらであるかを答えよ．

(1) 分子内の 4 つの原子が直線上にあるもの．
(2) 三重結合をもつもの．
(3) 分子内の 6 つの原子が同一平面上にあるもの．
(4) 二重結合をもつもの．

【問題 B-8】 次のアルキン (1)〜(5) の分子式と構造式を書け．

(1) エチン (アセチレン)　(2) プロピン　(3) 1-ブチン　(4) 2-ブチン
(5) 1,3-ブタジイン

3. 酸素を含む脂肪族化合物

脂肪族炭化水素が酸化されると，最終的には二酸化炭素と水になるが，その途中の段階で，アルコール，エーテル，アルデヒド，カルボン酸などの脂肪族化合物ができる．

3.1 アルコール・エーテル

メタノール CH_3OH のように，炭化水素の水素原子をヒドロキシ基 −OH で置換した構造をもつ化合物を**アルコール** (alcohol) という．また，アルコールのヒドロキシ基 −OH の水素原子を炭化水素基で置換した構造の化合物を**エーテル** (ether) という．アルコールとエーテルの性質は大きく異なる．アルコールの −OH は水溶液中でほとんど電離しないので水溶液は中性を示す．アルコールは水素結合により沸点が高い．アルコールは分子中の炭素数が少ないほど，また −OH の数が多いほど水に溶けやすくなる．炭素数が多くなると水に溶けにくいのは炭化水素の性質が強く現れるためである．アルコールは −OH をもつので反応性に富む．例えば，ナトリウムと反応して水素を発生し，塩に相当するアルコキシドを生じる．エタノールからはナトリウムエトキシド $C_2H_5O^-Na^+$ が生成する．

$$2\,C_2H_5OH + 2\,Na \rightarrow 2\,C_2H_5O^-Na^+ + H_2$$

アルコールを二クロム酸カリウム $K_2Cr_2O_7$ などの酸化剤で酸化すると，**第 1 級アルコール**はアルデヒドに，さらに酸化するとカルボン酸になる．**第 2 級アルコール**はケトンになる．**第 3 級アルコール**は酸化されにくい．

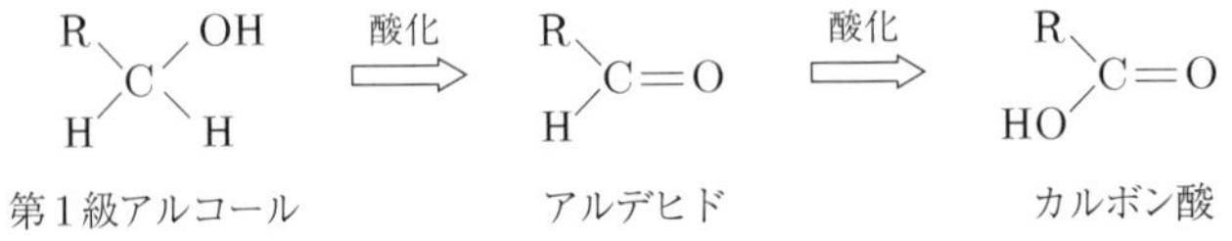

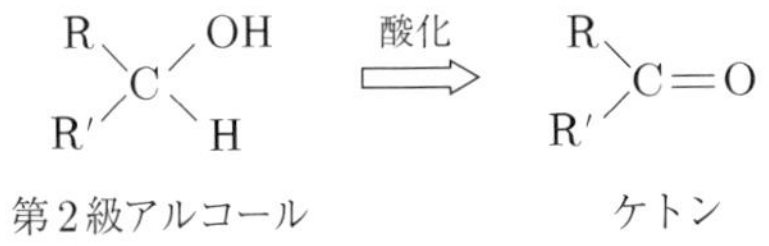

3. 酸素を含む脂肪族化合物

アルコールを濃硫酸などの脱水剤とともに高温で加熱すると，アルコール分子から水分子 H_2O がとれて，エテン(エチレン)を生じる．

$$H_2C(H)-CH_2(OH) \xrightarrow{H_2SO_4, 170°C} H_2C=CH_2 + H_2O$$
エタノール　　　　　　　　　　エテン（エチレン）

このように，分子内から2個の原子または原子団がとれて，二重結合もしくは三重結合ができる反応を**脱離反応** (elimination reaction) という．第1級アルコールを濃硫酸と適当な条件で加熱すると，2分子のアルコールから水がとれてエーテルが生成する．2分子が結合する反応を**縮合反応** (condensation reaction) という．また，水がとれる反応を**脱水反応** (dehydration reaction) という．

$$C_2H_5-OH + HO-C_2H_5 \xrightarrow{H_2SO_4, 140°C} C_2H_5-O-C_2H_5 + H_2O$$
エタノール　　エタノール　　　　　　　ジエチルエーテル
　　　　　　　　　　　　　　　　　　　（沸点34°C）

酸素原子に2つの炭化水素基 ($R-$ または $R'-$) が結合した構造 $R-O-R'$ をもつ化合物を**エーテル**といい，$C-O-C$ の結合を**エーテル結合**という．エーテルは水に溶けにくく，その異性体の1価アルコールに比べると沸点が低い．また，アルカリ金属の単体とも反応しない．この性質を有機化合物を抽出する際の溶媒として利用する．

3.2 アルデヒド

アルデヒド・ケトン・カルボン酸はすべて酸素原子を含む有機化合物で，同じく酸素を含むアルコールの酸化で得られる．**アルデヒド** (aldehyde) はアルデヒド基 $-CHO$ をもつ化合物の総称であり，一般式 $R-CHO$ で表す．アルデヒドは第1級アルコールの酸化によって得られる．低分子量のアルデヒドは，刺激臭があり，水に溶けやすく，その水溶液は中性を示す．アルデヒドは酸化されやすく還元性を示し，酸化されて**カルボン酸** (carboxylic acid) になる．

$$\underset{H}{\overset{R}{>}}C=O \xrightarrow{酸化} \underset{HO}{\overset{R}{>}}C=O$$
　　アルデヒド　　　　　　カルボン酸

アルデヒドは，アンモニア性硝酸銀溶液を還元し銀 Ag を析出させる．この反応を**銀鏡反応** (silver mirror reaction) という．また，フェーリング液を還元し，赤色の酸化銅(I) Cu_2O を沈殿させる．これらの反応はアルデヒドの検出に用いられる．アセトアルデヒド CH_3CHO (沸点20°C) は，刺激臭のある無色の液体で，水によく溶ける．アセトアルデヒドは，エタノールを二クロム酸カリウムの硫酸酸性水溶液で酸化すると得られる．

また，工業的には，塩化パラジウム(II) $PdCl_2$ と塩化銅(II) $CuCl_2$ を触媒とし，エテン(エチレン)を酸化して合成する．

$$2\,CH_2=CH_2 + O_2 \xrightarrow{PdCl_2,\ CuCl_2} 2\,CH_3CH=O$$

エテン(エチレン) → アセトアルデヒド

3.3 ケトン

カルボニル基(ケトン基) C=O に2つの炭化水素基 (R- または R'-) が結合した化合物を**ケトン** (ketone) といい，一般式 R-CO-R' で表す．アルデヒドを含めて，C=O の構造をもつ化合物を**カルボニル化合物** (carbonyl compound) という．ケトンは第2級アルコールの酸化によって得られる．低分子量のケトンは，芳香のある液体で水に溶ける．その構造異性体であるアルデヒドと異なり，ケトンは酸化されにくく還元性を示さない．アセトン CH_3COCH_3 (沸点56°C) は，芳香のある無色の液体で，水によく溶ける．また，有機化合物をよく溶かすので溶媒として用いられる．アセトンは 2-プロパノール $(CH_3)_2CHOH$ の酸化によって得られる．

$$(CH_3)_2CHOH \xrightarrow{酸化} CH_3\overset{O}{\overset{\|}{C}}CH_3$$

2-プロパノール → アセトン

3.4 カルボン酸

ギ酸 HCOOH や酢酸 CH_3COOH のように，カルボキシ基-COOH をもつ化合物を**カルボン酸** (carboxylic acid) といい，一般式 R-COOH で表す．炭素数の少ないカルボン酸は，刺激臭のある無色の液体で水に溶けやすく弱い酸性を示し，その強さは塩酸より弱いが炭酸 H_2CO_3 より強い．

$$R\text{-}COOH \rightleftharpoons R\text{-}COO^- + H^+$$

水に溶けにくい炭素数の多いカルボン酸でも，水酸化ナトリウム水溶液を加えると，中和反応を起こし，水溶性のナトリウム塩が生成する．

$$R\text{-}COOH + NaOH \longrightarrow R\text{-}COONa + H_2O$$

ギ酸 HCOOH は，刺激臭のある無色の液体で，水によく溶ける．ギ酸の分子は，アルデヒド基-CHO の構造をもつので，還元性を示す．酢酸 CH_3COOH は，弱酸性で，刺激臭のある無色の液体である．酢酸はアセトアルデヒドの酸化で生じるが，食酢のほとんどはエタノールの**発酵** (fermentation)，すなわち酢酸発酵によって製造されている．

光学異性体(鏡像異性体) 乳酸 $CH_3\text{-}C^*H(OH)\text{-}COOH$ の分子中には，4種の異なる原子や原子団と結合している炭素原子 (C*) が存在する (図5)．この炭素原子を**不斉**

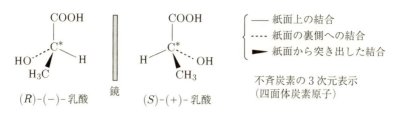

図 5　乳酸の光学異性体

炭素原子 (asymmetric carbon atom) という．不斉炭素原子を1つもつ化合物には，原子や原子団の空間的配置の異なる2種類の異性体が存在する．このような異性体を**光学異性体** (optical isomer, **鏡像異性体**) という．光学異性体の化合物は互いに重ね合わせることができないが，一方を鏡にうつすと，その鏡像は他方と同じになるという関係にある．光学異性体は物理的・化学的性質はほとんど同じであるが，ある種の光学的性質において，また味や消化などの生理作用において異なる．

3.5 エステル

カルボン酸 R–COOH のカルボキシ基の水素原子を炭化水素基 R′ で置換した構造をもつ化合物を**エステル** (ester) といい，一般式 R–COO–R′ で表す．エステルの分子の中にある –COO– 結合を**エステル結合**という (表 8)．

表 8　エステルの例とその性質

名称	示性式	沸点 (°C)	香りの種類
ギ酸エチル	$HCOOC_2H_5$	54	モモ
酢酸エチル	$CH_3COOC_2H_5$	77	パイナップル
酢酸イソペンチル	$CH_3COOC_5H_{11}$	142	バナナ

分子量の小さいエステルは，果実のような芳香のある液体で，水に溶けにくいが，有機化合物をよく溶かすので，香料や有機溶媒として利用される．エステルはカルボン酸とアルコールの縮合反応によって生じる．このような反応を**エステル化**という．また，エステルに水を加えて加熱すると，カルボン酸とアルコールを生じる．この反応をエステルの**加水分解** (hydrolysis) という．これらの反応に触媒として酸を加えると反応が速まる．

$$\underset{\text{カルボン酸}}{R-\overset{\overset{O}{\|}}{C}-O-H} + \underset{\text{アルコール}}{H-O-R'} \underset{\text{加水分解}}{\overset{\text{エステル化}}{\rightleftharpoons}} \underset{\text{エステル (R,R′: 炭化水素基)}}{R-\overset{\overset{O}{\|}}{C}-O-R'} + H_2O$$

エステルに水酸化ナトリウム水溶液などの塩基を加えて加熱すると，カルボン酸の塩とアルコールに分解する．この反応を**けん化** (saponification) という．

$$R-\underset{\underset{\text{エステル}}{\|}}{\overset{O}{C}}-O-R' + NaOH \xrightarrow{\text{けん化}} R-\overset{\overset{O}{\|}}{C}-ONa + R'-O-H$$

酢酸エチル $CH_3COOC_2H_5$ は，酢酸とエタノールに濃硫酸を触媒として加えて加熱すると得られる．2価アルコールの1,2-エタンジオール（エチレングリコール）と2価カルボン酸のフタル酸の分子が次々に縮合すると，分子中に多数のエステル結合をもつポリエチレンテレフタラート (PET) が生じる．このような縮合によって進む重合を**縮合重合** (condensation polymerization) という．

$$n\ HO-\overset{\overset{O}{\|}}{C}-\underset{\text{テレフタル酸}}{\bigcirc}-\overset{\overset{O}{\|}}{C}-OH + n\ HOCH_2CH_2OH$$
$$\underset{\text{1,2-エタンジオール}}{}$$

$$\longrightarrow HO-\left[\overset{\overset{O}{\|}}{C}-\bigcirc-\overset{\overset{O}{\|}}{C}-OCH_2CH_2-O\right]_n H + (2n-1)H_2O$$
$$\underset{\text{ポリエチレンテレフタラート (PET)}}{}$$

エステル結合によって次々と縮合してできた高分子化合物を**ポリエステル** (polyester) といい，繊維に加工されたり，ペットボトルなどの食品容器として広く用いられている．

【**例題 3**】 メタンの水素原子1個を (1)〜(5) の原子団で置き換えた化合物の名称を答えよ．また，それぞれの性質を下の語群から重複なく選び記号で答えよ．

(1) $-CHO$　　(2) $-COOH$　　(3) $-OH$　　(4) $-COOC_2H_5$

(5) $-COCH_3$

[性質]

(ア) 中性物質で，ナトリウムと反応して水素を発生する．

(イ) 水酸化ナトリウム水溶液を加えて熱すると，加水分解される．

(ウ) フェーリング液を加えて熱すると，赤色沈殿を生じる．

(エ) 水酸化ナトリウム水溶液を加えると，中和反応を起こし，水溶性のナトリウム塩が生成する．

(オ) 2-プロパノールの酸化によって生成する．

解答 (1) CH_3-CHO (アセトアルデヒド)，(ウ)

(2) CH_3-COOH (酢酸)，(エ)

(3) CH_3-OH (メタノール)，(ア)

(4) $CH_3-COOC_2H_5$ (酢酸エチル)，(イ)

(5) CH_3-COCH_3 (アセトン)，(オ)

3. 酸素を含む脂肪族化合物

◆ 演習問題 A ◆

【問題 A-10】 炭素数が4個のアルコール C_4H_9OH の異性体をすべて書き，それぞれの名称を書け．

【問題 A-11】 エタノールを少量の硫酸とともに加熱すると，反応温度によって2種の異なる化合物が生じる．それぞれの化合物の化学式と，それが生じる際の化学反応式を書け．

【問題 A-12】 次の (1)～(6) に示すアルデヒドおよびケトンの示性式を書け．
  (1) メタナール (ホルムアルデヒド)   (2) アセトアルデヒド   (3) プロパナール
  (4) ベンズアルデヒド   (5) ケイ皮アルデヒド   (6) エチルメチルケトン

【問題 A-13】 次の (1)～(10) に示すカルボン酸の示性式を書け．
  (1) メタン酸 (ギ酸)   (2) エタン酸 (酢酸)   (3) プロパン酸 (プロピオン酸)
  (4) ブタン酸 (酪酸)   (5) 乳酸   (6) 酒石酸   (7) クエン酸
  (8) 安息香酸   (9) テレフタル酸   (10) サリチル酸

◆ 演習問題 B ◆

【問題 B-9】 次の (1)～(6) に示すエステルの示性式を書け．
  (1) 酢酸ペンチル   (2) 酢酸エチル   (3) 酢酸ビニル (酢酸エチニル)
  (4) ブタン酸エチル (酪酸エチル)   (5) サリチル酸メチル
  (6) アセチルサリチル酸

【問題 B-10】 次の (1)～(6) に示す化合物の構造式を書け．
  (1) 分子式 C_2H_6O のアルコール   (2) 分子式 C_3H_8O のエーテル
  (3) 分子式 C_3H_6O のケトン   (4) 分子式 C_3H_6O のアルデヒド
  (5) 分子式 $C_3H_6O_2$ のカルボン酸   (6) 分子式 $C_3H_6O_2$ のエステル

【問題 B-11】 次の (1)～(4) に示すカルボニル化合物 (アルデヒド，ケトン) の名称を書け．
  (1) CH_3CH_2CHO (2) $CH_3CH_2CH_2CHO$
  (3) $CH_3CH_2-CO-CH_3$ (4) $CH_3CH_2-CO-CH_2CH_3$

【問題 B-12】 次の (1)～(4) に示すエーテルの名称を書け．
  (1) $CH_3CH_2-O-CH_2CH_3$ (2) $CH_3-O-CH_2CH_2CH_3$
  (3) $C_6H_5-O-CH_3$ (4) $C_6H_5-O-CH_2CH_3$

4. 芳香族化合物

ベンゼンは，6個の炭素原子がつくる正六角形の平面状分子で，炭素原子間の結合は単結合と二重結合の中間状態にありすべて等しい（図6）．これを **1.5 重結合** ともいう．この環構造を**ベンゼン環** (benzene ring) といい，ベンゼン環をもつ炭化水素を**芳香族炭化水素** (aromatic hydrocarbon) という．

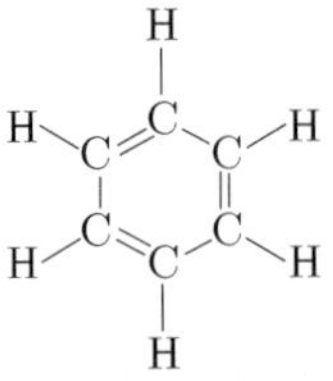

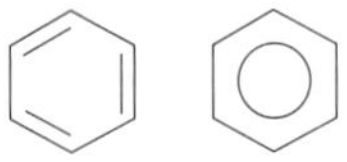

図 6 ベンゼンの分子構造と構造式
炭素原子間の結合はすべて同等で，通常の単結合や二重結合のいずれとも異なる特有の結合である．

芳香族炭化水素には，ベンゼン環の水素が炭化水素基で置換されたものが多数ある．1個の水素がメチル基 $-CH_3$ で置換されたものが**トルエン** (toluene) である．2個の水素が2個のメチル基で置換されたものが**キシレン** (xylene) である．ベンゼンに2つの置換基が結合する場合は，$o-$（オルト, ortho），$m-$（メタ, metha），$p-$（パラ, para）で区別し，ナフタレンに置換基が1つ結合した場合は，結合位置を番号で区別する．キシレンには，

表 9　芳香族炭化水素の例とその性質

名称	構造式	融点 (°C)	沸点 (°C)
ベンゼン		6	80
トルエン	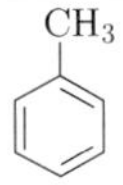	−95	111
$o-$キシレン	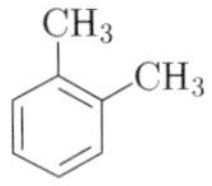	−25	144
$m-$キシレン	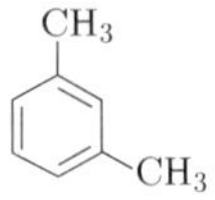	−48	139
$p-$キシレン	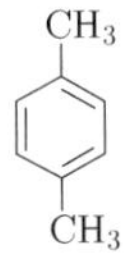	13	138
ナフタレン	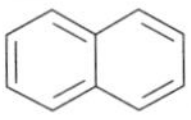	81	218

メチル基が結合する位置によって3種類の異性体が存在する．それぞれ融点・沸点がわずかに異なるが，いずれも芳香をもつ無色の液体である．また，ナフタレン $C_{10}H_8$ などのように，ベンゼン環の2個の炭素どうしがつながった構造の化合物もある (表9)．

4.1 ベンゼンの反応

ベンゼンの1.5重結合はエテン (エチレン) $CH_2=CH_2$ の二重結合とは異なり安定で，付加反応を受けにくい．ベンゼン環の炭素原子に結合した水素原子が他の原子と置換する傾向がある．

ベンゼンに，鉄や塩化鉄(III)を触媒として加えて塩素と反応させると，水素原子が塩素原子で置換される．

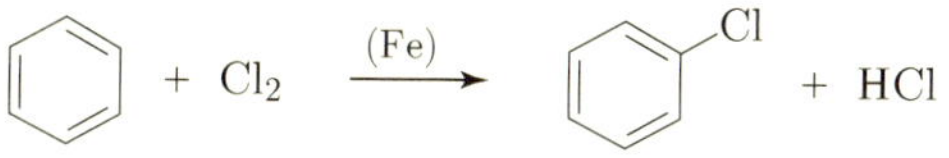

$$\text{ベンゼン} + Cl_2 \xrightarrow{(Fe)} \text{クロロベンゼン} + HCl$$

クロロベンゼン
（融点-45℃，沸点132℃，無色，水に難溶）

ベンゼンに濃硝酸と濃硫酸の混合物 (混酸) を加えて加熱すると，ベンゼン環の水素原子がニトロ基 $-NO_2$ で置換される．この置換反応を**ニトロ化** (nitration) という．ニトロベンゼンは，特有の甘いにおいをもつ淡黄色 (純粋のものは無色) の液体で，水より重い．

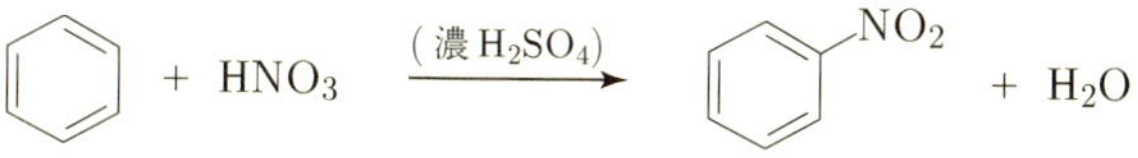

$$\text{ベンゼン} + HNO_3 \xrightarrow{(濃 H_2SO_4)} \text{ニトロベンゼン} + H_2O$$

ニトロベンゼン
（融点6℃，沸点211℃，密度 1.2 g cm^{-3}）

ベンゼンに濃硫酸を加えて加熱すると，ベンゼン環の水素原子がスルホ基 $-SO_3H$ で置換される．スルホ基 $-SO_3H$ をもつ化合物を**スルホン酸** (sulfonic acid) といい水に溶け，その水溶液はカルボン酸よりも強い酸性を示す．

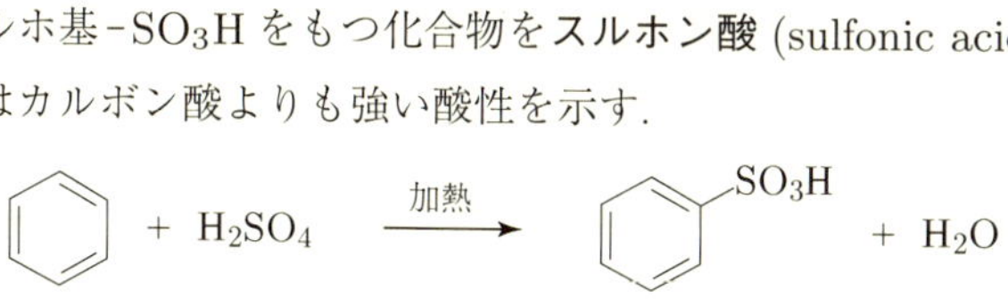

$$\text{ベンゼン} + H_2SO_4 \xrightarrow{加熱} \text{ベンゼンスルホン酸} + H_2O$$

ベンゼンスルホン酸
（融点65℃）

ベンゼンは，過マンガン酸カリウム $KMnO_4$ のような酸化剤に対して比較的安定であるが，ベンゼン環についた炭化水素基は，その炭素数に関係なく，酸化されるとカルボキシ基 $-COOH$ になる．

$$\text{トルエン} \xrightarrow{酸化} \text{安息香酸}$$

安息香酸
（融点123℃，沸点250℃）

4.2 官能基をもつ芳香族化合物

4.2.1 フェノール類

フェノール C_6H_5OH のように，ベンゼン環の炭素原子にヒドロキシ基 $-OH$ が直接結合した化合物を総称して，**フェノール類**という．フェノールは特有のにおいをもつ無色の結晶で，強い殺菌作用があり皮膚をおかす．フェノールは，水溶液中でヒドロキシ基 $-OH$ の水素原子がわずかに電離して弱い酸性を示す．その酸性は，安息香酸 C_6H_5COOH や炭酸 H_2CO_3 よりも弱い．

4.2.2 芳香族カルボン酸

安息香酸 C_6H_5COOH のように，ベンゼン環の炭素原子にカルボキシ基 $-COOH$ が直接結合した化合物を**芳香族カルボン酸**という．芳香族カルボン酸は，ベンゼン環に結合した炭化水素基を酸化すると得られる．芳香族カルボン酸は常温では固体で，一般に冷水に溶けにくいが，温水には少し溶け，炭酸 H_2CO_3 より強い酸性を示す．水酸化ナトリウムのような強塩基の水溶液と反応し，塩を生じて溶ける．この塩の水溶液に強酸を加えると，ふたたび芳香族カルボン酸が遊離する．

また，芳香族カルボン酸は，アルコールと反応してエステルを生成する．芳香族カルボン酸は，医薬品や合成繊維などの原料として用いられる．安息香酸は，無色の結晶で，トルエン $C_6H_5CH_3$ の酸化反応で得られる．安息香酸は，冷水には溶けにくいが，熱水にはよく溶ける．サリチル酸 $o\text{-}C_6H_4(OH)COOH$ は，無色の針状結晶で，冷水には溶けにくいが，熱水には溶ける．サリチル酸は，ナトリウムフェノキシドを高温・高圧下で二酸化炭素と反応させて生じるサリチル酸ナトリウムに，希硫酸を作用させると得られる．

サリチル酸は，$-COOH$ と $-OH$ をもつ芳香族のヒドロキシ酸で，フェノールとカルボン酸の両方の性質を示す．

4. 芳香族化合物

4.2.3 芳香族アミン

アンモニア NH_3 の水素原子を炭化水素基 (R-) で置換した化合物 ($R-NH_2$) を**アミン** (amine) という．アミンには，置換基が鎖式炭化水素基の**脂肪族アミン**と，芳香族炭化水素基の**芳香族アミン**がある．アミンは特有のにおいをもつ無色の物質で，脂肪族アミンはアンモニア程度の塩基性を示し，芳香族アミンはそれよりも塩基性が弱い．

アニリン $C_6H_5NH_2$ は，代表的な芳香族アミンで，特有のにおいをもつ．アニリンは，ニトロベンゼンをスズ (または鉄) と濃塩酸で還元するか，ニッケルなどを触媒として水素で還元すると得られる．アニリンは，水に溶けにくいが，アンモニアよりも弱い塩基性を示し，塩酸を加えると塩を生じて溶ける．生じた塩に水酸化ナトリウム水溶液を加えると，アニリンが遊離する．

ニトロベンゼン → 還元 (Sn+HCl) → アニリン (融点-6℃, 沸点 184℃)

アニリン → +HCl → アニリン塩酸塩 (融点 198℃) → +NaOH → アニリン

アニリンに，酢酸を加えて加熱したり，無水酢酸を反応させると，アミノ基 $-NH_2$ がアセチル化され，無色・無臭のアセトアニリド $C_6H_5NHCOCH_3$ を生じる．アセトアニリド分子中の $-NH-CO-$ 結合を**アミド結合** (amide bond) といい，この結合をもつ化合物を**アミド** (amide) という．

アニリン + 無水酢酸 ⟶ アセトアニリド (融点 113℃) + CH_3COH

ジカルボン酸と分子中に2個のアミノ基 $-NH_2$ をもつジアミンを，次々にアミド結合 (縮合重合) させると，**ポリアミド** (polyamide) という高分子化合物が得られる．ポリアミドは合成繊維や合成樹脂に用いられる．例えば，アジピン酸とヘキサメチレンジアミンを縮合重合させるとナイロン 66 (ナイロン) が得られる．ナイロン 66 は軽くて耐久性と弾力性に優れた繊維として用いられる．

$$n\,HOOC\text{-}(CH_2)_4\text{-}COOH + n\,H_2N\text{-}(CH_2)_6\text{-}NH_2$$
アジピン酸　　　　　　　ヘキサメチレンジアミン

$$\longrightarrow HO-[CO\text{-}(CH_2)_4\text{-}CO\text{-}NH\text{-}(CH_2)_6\text{-}NH]_n-H + (2n-1)H_2O$$
ナイロン 66

【例題 4】 次の (1)〜(8) の記述について，エタノール，フェノール，両方の 3 つに分類せよ．

(1) 室温において固体である．
(2) 室温において水によく溶ける．
(3) 水酸化ナトリウムと反応して塩をつくる．
(4) 金属ナトリウムと反応して水素を発生する．
(5) 塩化鉄 (Ⅲ) 水溶液を加えると青紫色を呈する．
(6) 穏やかに酸化するとアルデヒドを生成する．
(7) 無水酢酸と反応してエステルを生成する．
(8) 腐食性があり，激しく皮膚をおかす．

解答 エタノール (2), (6),　フェノール (1), (3), (5), (8),　両方 (4), (7)

◆ 演習問題 A ◆

【問題 A-14】 ベンゼン C_6H_6 の水素原子 1 個を，(1) $-CH_3$, (2) $-NO_2$, (3) $-NH_2$, (4) $-OH$, (5) $-SO_3H$, (6) $-COOH$ で置換した化合物の名称を記し，それぞれの性質にあてはまる記述を，次の (ア)〜(カ) から 1 つ選べ．

(ア) 水に溶けにくいが，塩酸にはよく溶ける．
(イ) 水に可溶で，水溶液は強酸性を示す．
(ウ) ベンゼンに性質が似ており，水より軽く水に溶けない．
(エ) 淡黄色油状の液体で，水より重く水に不溶で，酸や塩基にも溶けない．
(オ) 水に溶けにくいが，炭酸水素ナトリウム水溶液にはよく溶ける．
(カ) 炭酸水素ナトリウム水溶液に溶けないが，水酸化ナトリウム水溶液にはよく溶ける．

【問題 A-15】 次の芳香族化合物 (1)〜(14) の構造式を書け．

(1) ベンゼン　　(2) トルエン　　(3) エチルベンゼン　　(4) o-キシレン
(5) m-キシレン　　(6) p-キシレン　　(7) クメン (イソプロピルベンゼン)
(8) メシチレン (1,3,5-トリメチルベンゼン)　　(9) ナフタレン
(10) アントラセン　　(11) フェナントレン　　(12) ビフェニル
(13) 1-メチルナフタレン　　(14) 2-メチルナフタレン

◆ 演習問題 B ◆

【問題 B-13】 次の (1)〜(4) のうち，芳香族炭化水素の正しい説明はどれか．

(1) 環状の炭素原子は同一平面上にある．
(2) 炭素原子が 6 個環状につながった構造をもっている．
(3) 炭素原子が 6 個の環が複数つながった化合物は，芳香族炭化水素に含まれない．
(4) ベンゼン環を構成する結合はすべて同じような性質であり，1.5 重結合といえる．

4. 芳香族化合物   91

【問題 B-14】 トルエンをニトロ化していく際，反応条件を変えることによって，ニトロ基を 2 個，あるいは 3 個導入することも可能である．おもに生じるニトロ基が 2 個導入されたジニトロトルエン，3 個導入されたトリニトロトルエンの構造を予想せよ．

【問題 B-15】 アミンが塩基性を示すのはなぜかを説明せよ．

演習「大学生の化学」

「大学生の化学」(佐藤光史監修,培風館発行) を参照して演習 1〜12 を解け.

演習 1. 単位と数値,純物質 (1-1, 1-2)[*]

1. SI 基本単位の記号と単位を答えよ.

	(1)	(2)	(3)	(4)	(5)	(6)	(7)
	長さ	質量	時間	電流	温度	物質量	光度
記号							
単位							

2. 次の物理量を SI 基本単位または SI 組立単位で示せ.変換の過程も書け.
   (1) 1 mm (2) 6 cm^3 (3) 0.8 g/cm^3 (以下 0.8 g cm^{-3} と記す)

3. 気体定数 R は,圧力を atm,体積を dm^3,温度を K の単位で表すと,$R = 0.082$ atm dm^3 mol^{-1} K^{-1} である.圧力の単位を Pa とするときの気体定数 R を求めよ.ただし,1 atm = 101.3 kPa とする.

4. 次の数値の有効桁数はいくつか.

(1)	(2)	(3)	(4)	(5)	(6)
5638	0.00005	0.000050	5.0×10^{-5}	4×10^3	4000

5. 有効数字を考慮して,次の (1), (2) の問いに答えよ.
   (1) 密度が 0.500 g cm^{-3} で質量が 25.0 g の立方体の体積は何 cm^3 か.
   (2) 鉛の密度は室温で 11.3 g cm^{-3} である.室温で体積が 22.1 cm^3 の鉛の質量は何 g か.

6. 次の物質を単体,化合物,混合物に分類せよ.
   (1) 水 (2) アルミニウム (3) 塩酸
   (4) 塩化水素 (5) 空気 (6) 食塩

---
[*] 「大学生の化学」の該当する箇所を示す.

7. 次の化学式で表される物質の名称を日本語と英語で答えよ．

   (1) Na   〔日本語：   〕〔英語：   〕
   (2) Na⁺   〔日本語：   〕〔英語：   〕
   (3) Cl   〔日本語：   〕〔英語：   〕
   (4) Cl⁻   〔日本語：   〕〔英語：   〕
   (5) NaCl   〔日本語：   〕〔英語：   〕

8. 次の有機化合物の名称を日本語と英語で答えよ．

   (1) CH_4 〔日本語：   〕〔英語：   〕
   (2) C_2H_6 〔日本語：   〕〔英語：   〕
   (3) C_3H_8 〔日本語：   〕〔英語：   〕
   (4) C_4H_{10} 〔日本語：   〕〔英語：   〕
   (5) C_2H_4 〔日本語：   〕〔英語：   〕
   (6) C_2H_2 〔日本語：   〕〔英語：   〕
   (7) (ベンゼン環) 〔日本語：   〕〔英語：   〕
   (8) (ベンゼン環-OH) 〔日本語：   〕〔英語：   〕

演習 2. 原子の構造，化学式 (2-1, 3-1)

1. 原子の構造について，表を完成させよ (ただし，H は同位体名).

	(1) $^{12}_{6}C$	(2) $^{7}_{3}Li$	(3) $^{1}_{1}H$	(4) $^{2}_{1}H$	(5) $^{3}_{1}H$
元素名・同位体名					
原子番号					
陽子数					
質量数					
中性子数					
電子数					

2. 塩素には ^{35}Cl と ^{37}Cl の同位体がそれぞれ 75%，25% 存在する．相対原子量を 35.0 と 37.0 として塩素の原子量を求めよ．

3. ^{12}C 原子の原子核には 6 個の陽子と 6 個の中性子が存在する．次の (1), (2) の問いに答えよ．

   (1) 炭素原子 1 個の質量を求めよ．ただし，陽子の質量は 1.673×10^{-27} kg，中性子の質量は 1.675×10^{-27} kg とし，電子の質量は無視する．
   (2) ^{12}C 原子 0.012 kg に存在する原子の個数を有効数字 2 桁で答えよ．

4. 電子 1.000 mol の電気量の絶対値を求めよ．ただし，電子 1 個の電気量の絶対値を 1.602×10^{-19} C とし，アボガドロ定数 $N_A = 6.022 \times 10^{23}$ mol^{-1} とする．

5. 原子量について，次の (1), (2) の問いに答えよ．

(1) 炭素原子 1 個の質量を 1.993×10^{-23} g，酸素原子 1 個の質量を 2.656×10^{-23} g とするとき，二酸化炭素分子 1 個の質量は何 g か．

(2) (1) で与えた各原子の質量の値を用いて，炭素の原子量を 12 として酸素のモル質量を求めよ．ただし，酸素の同位体の存在比は考慮しない．

6. 次の物質を ( ) 内に指定した種類の化学式で示せ．

(1) 窒素 (分子式)

(2) 窒素 (構造式)

(3) 窒素 (電子式)

(4) 硝酸イオン (イオン式)

(5) フッ化物イオン (イオン式)

(6) 塩化ナトリウム (組成式)

7. 1.8 g の水について，次の (1)〜(4) の問いに答えよ．ただし，原子量は H = 1.0, O = 16 とし，アボガドロ定数 $N_A = 6.0 \times 10^{23}$ mol^{-1} とする．

(1) 物質量

(2) 分子の個数

(3) 含まれる水素原子の物質量

(4) 含まれる水素原子の個数

演習 3. 原子スペクトル，量子数 (2-2, 2-3)

1. 5 種類の原子 A〜E の電子配置を表に示す．下の (1)〜(4) の問いに答えよ．

	電子殻			
	K	L	M	N
A	2			
B	2	8		
C	2	8	3	
D	2	8	7	
E	2	8	8	2

(1) A〜E の元素名を書け．

(2) ハロゲン元素はどれか．元素名で答えよ．

(3) 同族元素の関係にある元素はどれか．元素名で答えよ．

(4) D, E はどのようなイオンになりやすいか．それぞれの元素のイオン式で示せ．

2. 物質は「粒子性」と「波動性」の 2 つの性質をもつ．次の (1), (2) の問いに答えよ．ただし，粒子の質量を m，運動速度を v，プランク定数を h とする．

(1) 物質波の波長 λ を m, v, h を用いて示せ．

(2) $v = 1.0 \times 10^7$ m s^{-1} の速度で運動している電子 (質量 $m = 9.1 \times 10^{-31}$ kg) の波長は何 m か．プランク定数 $h = 6.626 \times 10^{-34}$ J s，1 J = 1 kg m^2 s^{-2} とする．

3. アルゴンレーザーの青い光の波長は 487.9 nm である．次の (1), (2) の問いに答えよ．ただし，プランク定数 $h = 6.626 \times 10^{-34}$ J s，光速度 $c = 2.997 \times 10^8$ m s^{-1}，アボガドロ定数 $N_A = 6.022 \times 10^{23}$ mol^{-1} とする．

(1) このレーザー光のエネルギーは何 J か．

(2) このレーザー光の粒子 1 mol のエネルギーは何 kJ か．

4. 量子数について，次の (1)〜(5) の問いに答えよ．

(1) 次の空欄を埋めて表を完成させよ．

量子数記号	n	l
量子数の名称		
許される値		

(2) 電子のもつエネルギーは，おもにどの量子数によって決定されるか．

(3) 電子が存在する広がりと方向を決定する量子数は何か．

(4) 各主量子数に対応する電子殻の記号と，各電子殻に収容できる電子の最大数を入れよ．

主量子数	1	2	3	4	…	n
電子殻					…	−
最大電子数					…	

(5) 次の表は，方位量子数と主量子数の関係を示す．軌道の名称を例のように書け．

		方位量子数			
		0	1	2	3
軌道の名称			p 軌道		
主量子数	1		−	−	−
	2			−	−
	3		3p		−
	4			4d	

演習 4. 電子配置, 電子親和力, 電気陰性度 (2-4, 2-5, 2-6)

1. 量子数について, 表を完成させよ.

名称	主量子数	方位量子数	磁気量子数	スピン量子数	最大電子数
(1) 量子数記号	n				—
(2) 許される値	$n = 1, 2, 3, \cdots$ の正の整数	$0 \sim (n-1)$ で 0か正の整数			—
(3) K殻					
(4) L殻					
(5) M殻					
(6) N殻					

2. 下の (1)〜(6) の原子の電子配置を例のように書け.

例 He : $1s^2$, Na : [Ne] $3s^1$

(1) C   (2) Al   (3) Cl   (4) Ca   (5) Ti   (6) Cu

3. Li, C, O^{2-}, Na^+ の電子配置を箱形区分法で示せ.

原子	1s	2s	2p	3s
(1) Li				
(2) C				
(3) O^{2-}				
(4) Na^+				

4. イオン化エネルギーについて, 次の (1), (2) の問いに答えよ.

(1) 文中の空欄 ①〜④ にあてはまる語句を書け.

中性の原子から電子を1個取り去って, 1価の〔 ① 〕にするのに必要な最小のエネルギーを〔 ② 〕という. さらに1価の〔 ① 〕から2個目の電子を取り去るために必要なエネルギーを〔 ③ 〕という. すなわち, イオン化エネルギーの〔 ④ 〕い原子ほど,〔 ① 〕になりやすい.

(2) グラフは原子の第1イオン化エネルギーを原子番号順に表している. このグラフで同じ周期に属する原子であれば, 原子番号に順じて第1イオン化エネルギーは大きくなる. しかし, BとBeのイオン化エネルギーを比べるとBがBeより小さく, またOとNを比べるとOがNより小さい. これらが逆転する理由を, 箱形区分法で原子の電子配置を示して説明せよ.

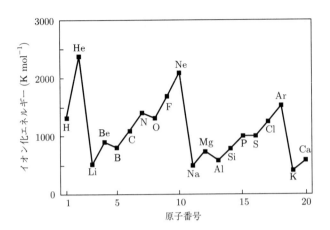

5. 電子親和力について，次の文中の空欄 ①〜③ にあてはまる語句を書け．

中性の原子が電子1個を取り入れて1価の〔 ① 〕になるとき，放出されるエネルギーをその原子の〔 ② 〕という．すなわち，〔 ② 〕の〔 ③ 〕い原子ほど，〔 ① 〕になりやすい．

6. 電気陰性度について，次の文中の空欄 ①〜③ にあてはまる語句を書け．

アメリカのマリケンは，各原子の電気陰性度が〔 ① 〕と〔 ② 〕の平均値で表されると考えた．また，ポーリングは，原子間の〔 ③ 〕の大きさに基づいて，各原子の電気陰性度を相対的に求める方法を提案した．

演習 5. 化学反応式，化学結合 (3-2, 3-3, 4-2)

1. 次の (1)〜(6) の物質を構成する原子間の結合の種類を書け．ただし，(1), (2), (5) は結晶である．

(1) C (2) Al (3) H_2O (4) CCl_4 (5) NaCl (6) NH_3

2. 分子について，次の (1)〜(5) の問いに答えよ．

(1) HCl, H_2O, CO_2 の分子の形は，次のどの型か答えよ．

【直線型，折れ線型，正三角形型，三角錐型，正方形型，正四面体型，四角錐型】

(2) (1) の分子の中から極性分子を選べ．

(3) 極性分子は，分極によって分子内に電荷の偏りをもつ．分極の度合いは，電荷の電気量と距離の積 (双極子モーメント) で表される．HCl を完全なイオン結合とみなすと，その双極子モーメントは何 Cm か．ただし，電子1個の電荷は 1.602×10^{-19} C，電荷間の中心距離 (結合距離) は 1.290×10^{-10} m とする．

(4) HCl の双極子モーメントの実測値は 3.47×10^{-30} Cm である．HCl のイオン結合性は何%か．

(5) 化合物を構成する原子のイオン結合性は，原子の電気陰性度を X_1, X_2 とするとき

$$結合のイオン結合性 = 16|X_1 - X_2| + 3.5|X_1 - X_2|^2$$

で見積もることができる．H と Cl の電気陰性度を 2.1 と 3.0 として，HCl のイオン結合性を求めよ．

3. 次の (1), (2) の化学反応式を書け．ただし，状態と反応熱は明記しなくてよい．
   (1) 硫酸 + 水酸化マグネシウム → 硫酸マグネシウム + 水
   (2) カルシウムイオン + 塩化物イオン → 塩化カルシウム

4. HNO_3 を工業的に得る反応について，次の (1)〜(3) の問いに答えよ．
   (1) 次の①〜③は HNO_3 を工業的に得る反応を段階的に示している．それぞれの化学反応式を書け．
   ① アンモニアを酸化して一酸化窒素を得た．
   ② 一酸化窒素をさらに酸化して二酸化窒素を得た．
   ③ 得られた二酸化窒素を水に溶解させ，硝酸を得た．
   (2) ①〜③を1つの反応式にまとめて，アンモニアと酸素を原料にして硝酸を合成する反応式を書け．
   (3) この反応プロセスによる工業的製法を答えよ．

5. 窒素と水素の反応によってアンモニアを生成する反応式は，$3H_2 + N_2 \rightarrow 2NH_3$ である．
   (1) この反応式に従って窒素が 2.8 g 反応したとき，生成したアンモニアの物質量 (mol) と質量 (g) を求めよ．ただし，原子量は H = 1.0，N = 14.0 とする．
   (2) アンモニアの工業的製法の名称を答えよ．

演習 6. 物質の状態 (4-1, 4-3, 4-4)

1. 図は，1 atm において一定量の水に加えた熱エネルギーと温度の関係を示す．次の (1)〜(3) の問いに答えよ．ただし，水の比熱は $4.2 \, \mathrm{J \, g^{-1} \, K^{-1}}$ とする．

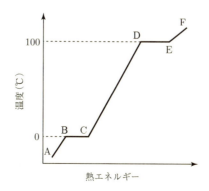

(1) A−B，C−D，E−F は，水は固体，液体，気体のいずれの状態にあるか．

(2) B → C，D → E で起きる変化を何というか．

(3) B → C と D → E に必要な熱エネルギーは，それぞれ 6.0 kJ mol^{-1} と 41 kJ mol^{-1} である．点 B の状態にある氷 1.0 g を点 E の状態にするために必要な熱エネルギーは何 J か．

2. メタンと酸素の混合気体を理想気体とみなして，次の (1), (2) の問いに答えよ．

(1) 25°C，2.0×10^5 Pa で 2.0 L のメタンと，25°C，1×10^5 Pa で 12.0 L の酸素を 4.0 L の容器に入れて混合した．混合後の温度も 25°C であるとき，各気体の分圧はいくつか．

(2) 混合気体を完全燃焼させて，容器内の温度が再び 25°C になったとき，容器内の全圧はいくつか．ただし，生じた水は 25°C ですべて液体で，容器の体積は一定とする．

3. 理想気体の状態方程式に関して，次の (1), (2) の問いに答えよ．

(1) 0°C，1.013×10^5 Pa で，気体 1 mol は 22.4 L を占める．気体定数 R を絶対温度 K，圧力 Pa，物質量 mol，体積 L を単位として求めよ．

(2) ある気体 4.0 g が 0°C，4.0×10^5 Pa で 0.50 L の体積を占めた．この気体の分子量を求めよ．

4. 単位格子に関して次の (1)〜(5) の問いに答えよ．ただし，単位格子に含まれる原子は同じ大きさの球で，すべて接しているとする．

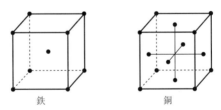

鉄　　　銅

(1) 図のような鉄と銅の単位格子をそれぞれ何というか．

(2) 1 つの単位格子に含まれる原子の総数はそれぞれ何個か．

(3) 1 個の原子を取り囲んでいる原子はそれぞれ何個か．

(4) 鉄の格子定数 (単位格子 1 辺の長さ) を a nm とすると，原子半径 r は何 nm か．

(5) 銅の密度 d g/cm^3 を表す式を求めよ．ただし，原子半径を r cm，アボガドロ定数を N_A，原子量を M とする．

演習 7. 溶液の濃度と性質 (4-5, 4-6, 4-7)

1. 溶液について，次の (1)〜(3) の問いに答えよ．
   (1) 溶液が砂糖水のとき，その溶媒と溶質は何か．
   (2) 溶質 a g を含む溶液 w g の密度が d g mL^{-1} であった．溶質のモル質量は M g mol^{-1} として，溶液のモル濃度 (mol L^{-1}) と質量パーセント濃度 (%) を求めよ．
   (3) 一般に，水道水は 0.1 ppm (parts per million) 以上の塩素を含む．ある水道水 1 kg が 0.1 ppm の塩素を含むとき，この水道水 1 kg 中の塩素の質量 (mg) はいくつか．

2. 硫酸マグネシウム・七水和物の結晶 492 g を水に溶かして，1.00 L の溶液を得た．次の (1), (2) の問いに答えよ．ただし，原子量は H = 1.00, O = 16.0, Mg = 24.0, S = 32.0 とする．
   (1) 結晶 492 g に含まれている硫酸マグネシウムと水の質量はいくつか．
   (2) この溶液のモル濃度 (mol L^{-1}) はいくつか．

3. KCl の水に対する溶解度は 100 g の水に対する溶解量 (g) で，20°C で 34, 80°C で 51 である．次の (1), (2) の問いに答えよ．
   (1) 質量パーセント濃度 10%の KCl 水溶液が 100 g ある．溶液の温度が 20°C のとき，この溶液にさらに溶解する KCl の質量 (g) を求めよ．
   (2) 80°C の KCl 飽和水溶液が 100 g ある．この溶液を 20°C に冷却したとき，析出する KCl の質量 (g) を求めよ．

4. 18 g のグルコース (分子量: 180) を水 90 g に溶かした．この溶液が 100°C のときの蒸気圧 (Pa) を求めよ．ただし，原子量は H = 1.0, O = 16 とし，100°C のときの水の蒸気圧は 1.013×10^5 Pa とする．

5. 質量パーセント濃度が 20%のグルコース水溶液 100 g について，次の (1)〜(3) の値を求めよ．ただし，水のモル沸点上昇 K_b を 0.515 K kg mol^{-1}, モル凝固点降下 K_f を 1.853 K kg mol^{-1} とする．
   (1) 質量モル濃度　(2) 溶液の沸点　(3) 溶液の凝固点

演習 8. 化学平衡，反応速度 (3-6)

1. 反応速度について，次の (1), (2) の問いに答えよ．
   (1) $A_2 + B_2 \rightarrow 2AB + Q$ kJ ($Q > 0$) の反応について，次の①〜③のように反応条件を変えるとき，反応は速度は上がるか，下がるか，変化しないか答えよ．
      ① A_2 の濃度を高くする．
      ② 温度を下げる．
      ③ 正触媒を加える．

(2) 過酸化水素水に触媒を加えると，過酸化水素は分解して酸素を発生する．1〜10分間分解させた後，溶液中の過酸化水素水のモル濃度の測定値は表のようになった．下の①〜④の問いに答えよ．

時間 (min)	0	1	5	10
濃度 (mol L^{-1})	0.70	0.60	0.35	0.20

① この反応の化学反応式を書け．ただし，触媒は明記しなくてよい．
② 0.7 mol L^{-1} の過酸化水素水を 1 L 調製するために，質量パーセント濃度が 30％の過酸化水素水は何 g 必要か．ただし，原子量は H = 1.0, O = 16.0 とする．
③ 分解開始後 5〜10 分の過酸化水素の平均分解速度 (mol L^{-1} s^{-1}) を答えよ．
④ ③の反応で 200 mL の過酸化水素水を用いた場合，酸素が発生する平均速度 (mol s^{-1}) を求めよ．

2. 0.54 mol の水素と 1.00 mol のヨウ素を一定体積の容器に入れて 440°C で反応させたところ，1.00 mol のヨウ化水素が生成して平衡に達した．次の (1)〜(3) の問いに答えよ．

(1) この反応を化学平衡式で示せ．
(2) 平衡に達したときの水素とヨウ素の物質量は，それぞれ何 mol か．
(3) この反応の平衡定数を求めよ．

3. 0.10 mol L^{-1} の酢酸水溶液中で，$CH_3COOH \rightleftarrows CH_3COO^- + H^+$ の電離平衡が成り立つ．次の (1), (2) の問いに答えよ．ただし，0.10 mol L^{-1} の酢酸水溶液の 18°C における電離度 $\alpha = 1.3 \times 10^{-2}$ とする．

(1) 平衡時の酢酸と酢酸イオンのモル濃度を有効数字 2 桁で答えよ．
(2) 酢酸の電離定数 K_a を求めよ．

4. $PbCl_2$ は 15°C で 3.0×10^{-3} mol L^{-1} のモル濃度になるまで純水に溶解する．次の (1), (2) の問いに答えよ．

(1) この溶解反応の化学平衡式を書け．
(2) 15°C における $PbCl_2$ の溶解度積 K_{sp} を求めよ．

演習 9. 熱化学反応 (3-7)

1. 次の (1)〜(4) の反応熱の種類を書け．
(1) 化合物 1 mol がその成分元素の単体から生成するときの反応熱
(2) 物質 1 mol が完全に燃焼するときの反応熱
(3) 物質 1 mol が多量の溶媒に溶解し，希薄な溶液になるときの反応熱
(4) 希薄な酸と塩基の水溶液を混合して，新たに水 1 mol が生じるときの反応熱

2. 次の (1), (2) の変化を熱化学方程式で表せ．

(1) メタン 1 mol を完全燃焼すると 890 kJ の熱が発生する．

(2) 水 1 mol が蒸発すると 44.0 kJ の熱を吸収する．

3. CO_2 (気)，H_2O (液)，C_2H_5OH (液) の生成熱は，それぞれ 394, 286, 277 kJ mol^{-1} である．また，プロパンの燃焼を熱化学方程式で表すと

$$C_3H_8 + 5O_2 = 3CO_2 + 4H_2O + 2220 \text{ kJ}$$

である．次の (1)〜(4) の問いに答えよ．ただし，原子量は H = 1.00, C = 12.0, O = 16.0 とする．

(1) エタノールが完全燃焼するときの化学反応式を書け．

(2) 炭素と酸素から二酸化炭素が生成する反応，水素と酸素から水が生成する反応，炭素と水素と酸素からエタノールが生成する反応について，熱化学方程式を書け．ただし，これらの反応は，すべて発熱反応である．

(3) C_2H_5OH (液) の燃焼熱は何 kJ か．

(4) プロパンの生成熱は何 kJ か．

4. 炭素 (黒鉛) と酸素から二酸化炭素が生成するときの反応熱は 394 kJ であり，一酸化炭素と酸素から二酸化炭素が生成するときの反応熱は 283 kJ である．次の (1), (2) の問いに答えよ．

(1) 図の ( ) の熱量はいくつか．

(2) 炭素 (黒鉛) と酸素から一酸化炭素が生成する熱化学方程式を書け．

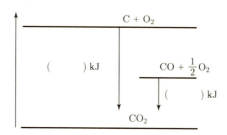

5. H–H, H–F の結合エネルギーは 436, 563 kJ mol^{-1} であり，HF の生成熱は 271 kJ mol^{-1} である．次の (1), (2) の問いに答えよ．

(1) H–H, H–F の結合エネルギーを表す熱化学方程式を書け．

(2) F–F の結合エネルギーは何 kJ か．

演習 10. 酸・塩基 (3-4)

1. 酸と塩基は (1)～(3) のように定義される．それぞれ何という定義か．
   (1) 酸は水素イオンを放出する物質であり，塩基は水酸化物イオンを放出する物質である．
   (2) 酸は水素イオンを与える物質であり，塩基は水素イオンを受け取る物質である．
   (3) 酸は電子対を受け取る物質であり，塩基は電子対を与える物質である．

2. 酸・塩基について，表を完成させよ．

酸・塩基	化学式	価数	強弱
酢酸			
硫酸			
アンモニア			
水酸化カルシウム			

3. 次の (1)～(3) の水溶液の水素イオン濃度を求めよ．ただし，水のイオン積は $1.0 \times 10^{-14}\ (\mathrm{mol\,L^{-1}})^2$ とする．
   (1) $0.50\ \mathrm{mol\,L^{-1}}$ の硝酸 (電離度 1.0)
   (2) $0.10\ \mathrm{mol\,L^{-1}}$ の酢酸 (電離度 0.016)
   (3) $0.10\ \mathrm{mol\,L^{-1}}$ の水酸化ナトリウム (電離度 1.0)

4. 次の (1), (2) の問いに答えよ．
   (1) $0.05\ \mathrm{mol\,L^{-1}}$ の硫酸 (電離度 1.0) の pH はいくつか．
   (2) pH = 2 の塩酸の $[\mathrm{H}^+]$ は，pH = 5 の塩酸の $[\mathrm{H}^+]$ の何倍か．

5. シュウ酸二水和物の結晶 $(\mathrm{COOH})_2 \cdot 2\mathrm{H}_2\mathrm{O}$ の 1.89 g を水に溶かして 250 mL の溶液をつくった．このシュウ酸水溶液 10 mL に水酸化ナトリウム水溶液を滴下したところ，中和までに 12.5 mL 必要だった．次の (1)～(6) の問いに答えよ．ただし，原子量は H = 1.00，C = 12.0，O = 16.0，Na = 23.0 とし，計算の答は有効数字 3 桁とする．
   (1) この中和反応の化学反応式を書け．中和滴定で使用する指示薬の変色域は，酸性・中性・塩基性のいずれが適当か．
   (2) 調製した水溶液中に含まれるシュウ酸の物質量を求めよ．
   (3) 調製したシュウ酸水溶液のモル濃度 $(\mathrm{mol\,L^{-1}})$ を求めよ．
   (4) シュウ酸の電離をイオン式で示せ．
   (5) シュウ酸水溶液 10 mL 中の水素イオンの物質量を求めよ．
   (6) 滴定に使用した水酸化ナトリウムのモル濃度を求めよ．

演習 11. 酸化還元反応 (3-5)

1. 酸化鉄 (Ⅲ) をアルミニウムで還元した．次の (1)〜(4) の問いに答えよ．
   (1) 化学反応式を書け．
   (2) 酸化された原子と還元された原子を示し，その原子が電子を受け取ったか与えたかも書け．
   (3) 1 mol のアルミニウムが完全に反応したとき，何 mol の電子が移動したか．
   (4) 酸化剤および還元剤の電子の授受を表す半反応式と，酸化数が変化した原子の酸化数の変化を書け．

2. 次の (1)〜(3) の化学式で示した物質について，元素名を示した原子の酸化数を答えよ．
   (1) 窒素　　　HNO_3, NO_2, NO, N_2, NH_3
   (2) マンガン　MnO_4^-, MnO_2, Mn^{2+}, Mn
   (3) 酸素　　　O_2, H_2O_2, H_2O

3. 次の 3 種類の反応を参考にして，Cl_2, Br_2, I_2 の各単体を酸化力が強い順に並べよ．

$$2I^- + Cl_2 \rightarrow 2Cl^- + I_2$$
$$2I^- + Br_2 \rightarrow 2Br^- + I_2$$
$$2Br^- + Cl_2 \rightarrow 2Cl^- + Br_2$$

4. 硫酸鉄 (Ⅱ) 水溶液 25 mL を硫酸酸性にした後に，0.020 mol L^{-1} の過マンガン酸カリウム水溶液を滴下したところ，20 mL で終点に達した．次の (1)〜(5) の問いに答えよ．
   (1) 反応 $MnO_4^- \rightarrow Mn^{2+}$ において Mn の酸化数の変化を示せ．この反応で，MnO_4^- は酸化剤，還元剤のいずれか．
   (2) (1) の反応について，半反応式を書け．
   (3) 鉄は 2 価から 3 価に酸化される．その半反応式を書け．また，硫酸鉄 (Ⅱ) は，酸化剤か還元剤か．
   (4) 硫酸鉄 (Ⅱ) と過マンガン酸カリウムの反応をイオン式で書け．
   (5) 反応させた硫酸鉄 (Ⅱ) 水溶液のモル濃度は何 mol L^{-1} か．

演習 12. 電池と電気分解 (3-5)

1. 次の 7 種類の単体をイオン化傾向が大きい順に並べよ．

$$Zn \cdot H_2 \cdot Cu \cdot Pb \cdot Pt \cdot Ag \cdot Na$$

2. 次の表はおもな金属の標準電極電位を示す．下の (1)〜(3) の問いに答えよ．

	Al	Zn	Fe	Sn	Pb	(H_2)	Cu	Ag	Pt
標準電極電位 (V)	−1.66	−0.76	−0.44	−0.14	−0.13	0.00	+0.34	+0.80	+1.19

(1) スズをメッキした鋼板と，亜鉛をメッキした鋼板をそれぞれ何というか．

(2) メッキ鋼板に下地の鉄が露出する傷がつくと，その部分に雨水などが付着して局部電池が形成され，メッキ鋼板が腐食する．2 つのメッキ鋼板が腐食するとき，それぞれで正極または負極になる金属を答えよ．また，負極が溶解する半反応式を示せ．

(3) (1) の 2 つのメッキ鋼板が腐食するときにできる局部電池の起電力を，上の表から求めよ．

3. 自動車などに使われている鉛蓄電池は，負極として Pb 板，正極として PbO_2 を数枚ずつ組み合わせて，硫酸水溶液を電解液とする二次電池 (充放電可能な電池) である．次の (1)〜(3) の問いに答えよ．

(1) 放電中に負極と正極で起こる反応を半反応式で書け．

(2) 放電中に起こる鉛蓄電池全体の化学反応式を書き，析出する白色物質の日本語名を答えよ．この反応で白色物質が生じる現象は一般に何というか．

(3) 放電中に負極の鉛が 4.14 g 反応したとき，物質間で移動した電子の物質量 (mol) と電気量 (C) を求めよ．ただし，原子量は H = 1.00, O = 16.0, S = 32.0, Pb = 207 とし，ファラデー定数は 9.65×10^4 $C\,mol^{-1}$ とする．

4. 硫酸ニッケル (II) 水溶液に，陰極として銅板を，陽極としてニッケル板を浸漬して電気分解し，5.0×5.0 cm^2 角の薄い銅板の両面に 0.020 mm の厚さのニッケルをメッキしたい．次の (1), (2) の問いに答えよ．ただし，Ni の原子量は 59, 密度は 8.9 $g\,cm^{-3}$ とし，ファラデー定数は 9.65×10^4 $C\,mol^{-1}$ とする．

(1) 陽極のニッケル板は最低何 g 必要か．

(2) 2.0 A の電流でメッキするとき，何分間電気分解する必要があるか．有効数字 2 桁で答えよ．

解　答

◆ 演習問題 A ◆

I編　元素と原子

問題 A-1　(1) 純物質　(2) 化合物　(3) 混合物　(4) 同素体

問題 A-2　(1) ろ過　(2) クロマトグラフィー　(3) 蒸留　(4) 昇華

問題 A-3　(1) (a) 電子，(b) 陽子，(c) 中性子　(2) 原子番号 2, 質量数 4　(3) He

問題 A-4　① 11　② 23　③ 11　④ 12　⑤ ナトリウム　⑥ 15　⑦ 31　⑧ 15　⑨ 16　⑩ リン

問題 A-5　(1) (ア) $_8$O は 6 個, (イ) $_{10}$Ne は 0 個 (最外殻に 8 電子あるが, 希ガス原子なので結合に関与する電子数は 0 個とする), (ウ) $_{12}$Mg は 2 個, (エ) $_{13}$Al は 3 個, (オ) $_{17}$Cl は 7 個
(2) 陽イオンになりやすい原子　(ウ) Mg, (エ) Al
(3) 陰イオンになりやすい原子　(ア) O, (オ) Cl
(4) 最も安定な電子配置をもつ　(イ) Ne

問題 A-6

(1) $Ca^{2+} : Cl^- = 1 : 2 \implies CaCl_2$
　　　　　　　個数が 1 のとき省略する
　　　　　　　個数が 2 以上のとき右下に書く

(2) $Al^{3+} : OH^- = 1 : 3 \implies Al(OH)_3$
　　多原子イオンが 2 個以上あるときは ( ) で原子団をくくり, その右下に個数を書く

問題 A-7　① NH_4Cl 塩化アンモニウム　② $(NH_4)_2SO_4$ 硫酸アンモニウム
③ $(NH_4)_3PO_4$ リン酸アンモニウム　④ $MgCl_2$ 塩化マグネシウム
⑤ $MgSO_4$ 硫酸マグネシウム　⑥ $AlCl_3$ 塩化アルミニウム
⑦ $Al_2(SO_4)_3$ 硫酸アルミニウム　⑧ $AlPO_4$ リン酸アルミニウム

問題 A-8　マグネシウム原子は電子を 2 個放出すると閉殻構造になるが, ナトリウム原子は電子を 1 個放出すると閉殻構造となる. したがって, 2 個目の電子を放出するのにより多くのエネルギーを必要とする.

問題 A-9　(1) Ne　(2) He　(3) Ne　(4) Ar　(5) Ne

問題 A-10　(1) 2　(2) 3　(3) 1　(4) 3　(5) 2

問題 A-11　(1) $AgNO_3$　(2) $Ca(OH)_2$
分子式, 示性式の順に示す. (3) C_2H_6O, C_2H_5OH　(4) $C_4H_8O_2$, $CH_3COOCH_2CH_3$

問題 A-12　(1) $CaSO_4$　(2) CaO　(3) Na_2CO_3

II編　化学の基礎

問題 A-1 NaCl の立方体には，Na^+ と Cl^- は4個ずつある．それぞれのイオン原子1個の質量は，原子量をアボガドロ定数で割ったものだから，単位格子内の Na^+ と Cl^- の質量は

$$\frac{23.0}{6.02 \times 10^{23}} \times 4 + \frac{35.5}{6.02 \times 10^{23}} \times 4 = 38.87 \times 10^{-23} \text{ g}$$

この質量を立方体の体積で割ると密度が求まる．

$$\frac{38.87 \times 10^{-23}}{(5.63 \times 10^{-8})^3} = 2.178$$

したがって，NaCl の密度は 2.18 g cm^{-3}．

問題 A-2 体心立方格子の体積は，1辺の長さを3乗すればよい．この体積に占める原子の体積が充填率である．原子を球と考えて，立方体の対角線上で球の半径4個分ある．よって，対角線の長さを l，立方体の1辺を a とすると，$l^2 = a^2 + (\sqrt{2}a)^2 = 3a^2 \Leftrightarrow l = \sqrt{3}a$, $l = 4r$ だから

$$l = 4r = \sqrt{3}a \quad \Leftrightarrow \quad r = \frac{\sqrt{3}a}{4}$$

体心立方格子には2個の原子があるから，充填率は

$$\frac{2 \times \frac{4}{3}\pi r^3}{a^3} = \frac{\frac{8}{3}\pi \left(\frac{\sqrt{3}a}{4}\right)^3}{a^3} = \frac{\sqrt{3}}{8}\pi = 0.68$$

したがって，充填率は68%．

問題 A-3 (1) 3対　(2) 2対　(3) 4対　(4) 0対　(5) 1対　(6) 4対

問題 A-4 (1) F　(2) O　(3) H　(4) O

問題 A-5 (1) 無極性分子　(2) 極性分子　(3) 無極性分子　(4) 無極性分子

問題 A-6 例えば，ドライアイス (CO_2)，ヨウ素分子，ナフタレン など

問題 A-7 (1) ^{12}C の質量は 1.993×10^{-23} g として，求める ^{16}O の相対質量を x とする．
C : O は 1.993×10^{-23} g : 2.657×10^{-23} g $= 12 : x$ より，$x = 16.00$．
(2) 求める ^{15}N の質量を x g とする．C : N は 1.993×10^{-23} g : x g $= 12 : 15$ より，$x = 2.491 \times 10^{-23}$ g.

問題 A-8 (1) 窒素 N_2：$14 \times 2 = 28$
(2) メタン CH_4：$12 + (1 \times 4) = 16$
(3) 硫酸 H_2SO_4：$(1 \times 2) + 32 + (16 \times 4) = 98$
(4) 硝酸イオン NO_3^-：$14 + (16 \times 3) = 62$
(5) 水酸化カルシウム $Ca(OH)_2$：$40 + (17 \times 2) = 74$

問題 A-9 (1) 水のモル質量は 18 g mol^{-1} だから，$90 \text{ g}/18 \text{ g mol}^{-1} = 5.0$ mol である．
(2) 1 mol に含まれる分子の数は 6.02×10^{23} 個（アボガドロ数に等しい）である．5.0 mol の水の中に含まれる水分子の数は $5.0 \times (6.02 \times 10^{23}$ 個$) = 3.0 \times 10^{24}$ 個である．
(3) 1 mol に含まれる二酸化炭素 CO_2 分子の数は 6.02×10^{23}（アボガドロ数）だから，1.5×10^{23} 個の二酸化炭素分子の物質量 (mol) は，$(1.5 \times 10^{23}$ 個$)/(6.02 \times 10^{23} \text{ 個 mol}^{-1}) = 0.25$ mol である．
(4) 塩化マグネシウム $MgCl_2$ の式量は $24 + (35.5 \times 2) = 95$ である．したがって，95 g が 1 mol となる．塩化マグネシウム 19 g は $19 \text{ g}/95 \text{ g mol}^{-1} = 0.20$ mol である．0.20 mol に含まれる Mg^{2+} の個数は $0.20 \times (6.02 \times 10^{23})$ 個 $= 1.2 \times 10^{23}$ 個である．0.20 mol に含まれる Cl^- の個数は $2 \times 0.20 \times (6.02 \times 10^{23})$ 個 $= 2.4 \times 10^{23}$ 個である．

問題 A-10 モル濃度 $\mathrm{mol\,L^{-1}} =$ (溶質の物質量 mol)/(溶液の体積 L) である．$0.50\,\mathrm{mol\,L^{-1}}$ のグルコース水溶液 200 mL $(= 0.200\,\mathrm{L})$ に含まれるグルコースの物質量は，モル濃度 $\mathrm{mol\,L^{-1}} \times$ 溶液の体積 L $= 0.50\,\mathrm{mol\,L^{-1}} \times 0.200\,\mathrm{L} = 0.10\,\mathrm{mol}$ である．

問題 A-11 濃度 40%の希硫酸の密度は $1.3\,\mathrm{g\,cm^{-3}}$ だから，溶液 1 L の質量は 1300 g である．濃度 40%の希硫酸 1300 g 中に溶けている硫酸 $\mathrm{H_2SO_4}$ の質量 g は $1300\,\mathrm{g} \times (40/100) = 520\,\mathrm{g}$．ここで，硫酸 $\mathrm{H_2SO_4}$ のモル質量は $98\,\mathrm{g\,mol^{-1}}$ なので，濃度 40%の希硫酸に含まれる $\mathrm{H_2SO_4}$ の物質量は $520\,\mathrm{g}/98\,\mathrm{g\,mol^{-1}} = 5.3\,\mathrm{mol}$ である．したがって，求めるモル濃度 $\mathrm{mol\,L^{-1}} =$ (硫酸 $\mathrm{H_2SO_4}$ の物質量 mol)/(溶液の体積 L) $= 5.3\,\mathrm{mol/L} = 5.3\,\mathrm{mol\,L^{-1}}$ である．

問題 A-12 (1) 標準状態で物質量が 1 mol の気体は，分子の数が 6.0×10^{23} 個の分子を含んで 22.4 L の体積を占める．酸素分子が 1.5×10^{23} 個あれば，酸素の物質量 mol $= (1.5 \times 10^{23}$ 個$)/(6.0 \times 10^{23}\,\mathrm{mol^{-1}}) = 0.25\,\mathrm{mol}$ なので，体積は $0.25\,\mathrm{mol} \times 22.4\,\mathrm{L\,mol^{-1}} = 5.6\,\mathrm{L}$ である．

(2) 窒素 $(\mathrm{N_2} = 28)$，酸素 $(\mathrm{O_2} = 32)$ なので，窒素の物質量 mol は $8.4\,\mathrm{g}/28\,\mathrm{g\,mol^{-1}} = 0.30\,\mathrm{mol}$，酸素の物質量 mol は $6.4\,\mathrm{g}/32\,\mathrm{g\,mol^{-1}} = 0.20\,\mathrm{mol}$ となり，混合気体の合計で 0.50 mol である．1 mol の気体の分子数は 6.0×10^{23} 個だから，0.50 mol では，混合気体の分子数 $= 0.50\,\mathrm{mol} \times (6.0 \times 10^{23}\,\mathrm{mol^{-1}}) = 3.0 \times 10^{23}$ 個である．

(3) 塩化水素 HCl の分子量は 36.5 g であり，$0.20\,\mathrm{mol} \times 36.5\,\mathrm{g\,mol^{-1}} = 7.3\,\mathrm{g}$ である．その体積は，標準状態で $0.20\,\mathrm{mol} \times 22.4\,\mathrm{L\,mol^{-1}} = 4.5\,\mathrm{L}$ である．

問題 A-13 (1) $a\,\mathrm{Fe} + b\,\mathrm{O_2} \to c\,\mathrm{Fe_2O_3}$ このように係数を仮定すれば，Fe 原子の係数について $a = 2c$，O 原子の係数について $2b = 3c$ となる．$a = 1$ とおくと，$c = \dfrac{1}{2}$, $b = \dfrac{3}{2}c = \dfrac{3}{2} \times \dfrac{1}{2} = \dfrac{3}{4}$ となり，$1\mathrm{Fe} + \dfrac{3}{4}\mathrm{O_2} \to \dfrac{1}{2}\mathrm{Fe_2O_3}$．すべての係数を 4 倍して $4\mathrm{Fe} + 3\mathrm{O_2} \to 2\mathrm{Fe_2O_3}$．

(2) $a\,\mathrm{C_2H_6O} + b\,\mathrm{O_2} \to c\,\mathrm{CO_2} + d\,\mathrm{H_2O}$ このように係数を仮定すれば，C 原子の係数について $2a = c$，O 原子の係数について $a + 2b = 2c + d$，H 原子の係数について $6a = 2d$ となる．$a = 1$ とおくと，$c = 2$, $d = 3$, $b = 3$ となり，$\mathrm{C_2H_6O} + 3\mathrm{O_2} \to 2\mathrm{CO_2} + 3\mathrm{H_2O}$．

(3) $a\,\mathrm{Al} + b\,\mathrm{HCl} \to c\,\mathrm{AlCl_3} + d\,\mathrm{H_2}$ このように係数を仮定すれば，Al 原子の係数について $a = c$，H 原子の係数について $b = 2d$，Cl 原子の係数について $b = 3c$ となる．$a = 1$ とおくと，$c = 1$, $b = 3$, $d = \dfrac{3}{2}$ となり，$1\mathrm{Al} + 3\mathrm{HCl} \to 1\mathrm{AlCl_3} + \dfrac{3}{2}\mathrm{H_2}$．すべての係数を 2 倍して $2\mathrm{Al} + 6\mathrm{HCl} \to 2\mathrm{AlCl_3} + 3\mathrm{H_2}$．

問題 A-14 (1) まず，メタノール $\mathrm{CH_4O}\,(= \mathrm{CH_3OH})$ の燃焼の反応式を書き，物質量の関係を調べる．

$a\,\mathrm{CH_4O} + b\,\mathrm{O_2} \to c\,\mathrm{CO_2} + d\,\mathrm{H_2O}$ と仮定する．C の係数について $a = c$，H の係数について $4a = 2d$，O の係数について $a + 2b = 2c + d$ となる．$a = 1$ とおくと，$c = 1$, $d = 2$, $b = \dfrac{3}{2}$ となり，$1\mathrm{CH_4O} + \dfrac{3}{2}\mathrm{O_2} \to 1\mathrm{CO_2} + 2\mathrm{H_2O}$．すべての係数を 2 倍して $2\mathrm{CH_4O} + 3\mathrm{O_2} \to 2\mathrm{CO_2} + 4\mathrm{H_2O}$．

(2) メタノール $\mathrm{CH_4O}$ 3.2 g の物質量 mol は，メタノールのモル質量 $32\,\mathrm{g\,mol^{-1}}$ より，$3.2\,\mathrm{g}/32\,\mathrm{g\,mol^{-1}} = 0.10\,\mathrm{mol}$ である．反応式の係数比は物質量比に等しいから $\mathrm{CH_4O} : \mathrm{CO_2} = 1 : 1$ (物質量比) である．生成する $\mathrm{CO_2}$ の物質量も 0.10 mol である．したがって，二酸化炭素 $\mathrm{CO_2}$ のモル質量 $44\,\mathrm{g\,mol^{-1}}$ から，生成する $\mathrm{CO_2}$ の質量は $0.10\,\mathrm{mol} \times 1 \times 44\,\mathrm{g\,mol^{-1}} = 4.4\,\mathrm{g}$ である．

反応式の係数比から，$\mathrm{CH_4O} : \mathrm{H_2O} = 1 : 2$ (物質量比) である．したがって，水のモル質量 $18\,\mathrm{g\,mol^{-1}}$ から，生成する $\mathrm{H_2O}$ の質量は $0.10\,\mathrm{mol} \times 2 \times 18\,\mathrm{g\,mol^{-1}} = 3.6\,\mathrm{g}$ である．

(3) 反応式の係数比から，$\mathrm{CH_4O} : \mathrm{O_2} = 2 : 3$ (物質量比) である．物質 1 mol の占める体積をモル体積という．すなわち，標準状態での気体 1 mol あたりの体積 (モル体積) は $22.4\,\mathrm{L\,mol^{-1}}$ よ

り，0.1 mol の CH_4 が完全燃焼するのに必要な O_2 の体積は，$0.10 \text{ mol} \times (3/2) \times 22.4 \text{ L mol}^{-1}$ = 3.4 L である．

問題 A-15 塩化ナトリウムと硝酸銀の反応式は $AgNO_3 + NaCl \rightarrow AgCl + NaNO_3$．この物質量の関係は

NaCl：濃度未知 20.0 mL

AgCl：1.53 g の物質量は分子量が 143.5 より $1.53 \text{ g}/143.5 \text{ g mol}^{-1} = 1.066 \times 10^{-2}$ mol

反応式の係数比から NaCl：AgCl = 1：1（物質量比）で塩化銀を生成するので，NaCl の物質量は同じく 1.066×10^{-2} mol である．

$$\text{NaCl のモル濃度 mol L}^{-1} = \frac{\text{NaCl mol}}{\text{溶液の体積 L}} = \frac{1.066 \times 10^{-2} \text{ mol}}{20.0 \times 10^{-3} \text{ L}} = 0.533 \text{ mol L}^{-1}$$

問題 A-16 エチレン C_2H_4 の燃焼の反応式 $C_2H_4 + 3O_2 \rightarrow 2CO_2 + 2H_2O$ から物質量の関係を調べる．

物質量の関係は $C_2H_4 : O_2 : CO_2 : H_2O = 1 \text{ mol} : 3 \text{ mol} : 2 \text{ mol} : 2 \text{ mol}$

標準状態での体積の関係はモル体積が 22.4 L mol^{-1} だから

$C_2H_4 : O_2 : CO_2 : H_2O$
$= (1 \text{ mol} \times 22.4 \text{ L mol}^{-1}) : (3 \text{ mol} \times 22.4 \text{ L mol}^{-1}) : (2 \text{ mol} \times 22.4 \text{ L mol}^{-1})$
$: (2 \text{ mol} \times 22.4 \text{ L mol}^{-1})$
$= 1 : 3 : 2 : 2$

エチレン C_2H_4（分子量 28）5.6 g は 0.20 mol である．標準状態での体積の関係から，生成する二酸化炭素の体積は $2 \times 0.20 \text{ mol} \times 22.4 \text{ L mol}^{-1} = 8.96$ L である．1 mol の分子数が 6.0×10^{23} 個だから，反応する酸素分子の数は $3 \times 0.2 \times 6.0 \times 10^{23} = 3.6 \times 10^{23}$ 個である．

問題 A-17 (1) 4.00×10^{-2} L   (2) 10.0 J

問題 A-18 $273.15 \times (160/100) - 273.15 = 164$ °C

問題 A-19 (1) $PV = nRT$ より $n = (1.0 \times 10^5 \times 3.6)/[8.31 \times 10^3 \times (273.15+27)] = 0.1443$ となる．したがって，求める分子量は $6.4/0.1443 = 44$．

(2) $PV = nRT$ より $n = (1.0 \times 10^5 \times 1)/[8.31 \times 10^3 \times (273.15+27)] = 0.0401$ となる．したがって，求める分子量は $3.2/0.0401 = 80$．

問題 A-20 (1) $CH_4(気) + 2O_2(気) = CO_2(気) + 2H_2O(液) + 891$ kJ

(2) $\frac{1}{2}N_2(気) + \frac{3}{2}H_2(気) = NH_3(気) + 46$ kJ

(3) 硝酸アンモニウム 0.10 mol では，2.6 kJ の熱を吸収するので，1.0 mol に換算すると 10 倍になり $10 \times 2.6 \text{ kJ} = 26 \text{ kJ mol}^{-1}$ である．したがって

$$NH_4NO_3(固) + aq = NH_4NO_3 \text{ aq} - 26 \text{ kJ}$$

問題 A-21 (1) $CH_3OH(液) + \frac{3}{2}O_2(気) = CO_2(気) + 2H_2O(液) + 726$ kJ．メタノール 1 mol（分子量 32.0）の燃焼熱が 726 kJ mol^{-1} だから，100 kJ の熱量を得るために必要なメタノールの量 g は $(100 \text{ kJ}/726 \text{ kJ mol}^{-1}) \times 32.0 \text{ g} = 4.41$ g である．

(2) $HCl \text{ aq} + NaOH \text{ aq} = NaCl \text{ aq} + H_2O + 56.0$ kJ．中和熱は，酸と塩基の水溶液が中和して，水 1 mol ができるとき発生する熱量（56.0 kJ）だから，HCl aq については $1.00 \text{ mol L}^{-1} \times 0.500$ L $= 0.500$ mol が中和にかかわっている．したがって，$56.0 \text{ kJ mol}^{-1} \times 0.500 \text{ mol} = 28.0$ kJ の熱が発生する．

(3) メタンの燃焼熱　$CH_4(気) + 2O_2(気) = CO_2(気) + 2H_2O + 890$ kJ

エタンの燃焼熱　$C_2H_6(気) + \dfrac{7}{2}O_2(気) = 2CO_2(気) + 3H_2O + 1560$ kJ

気体 1 mol の体積は標準状態 (0°C, 1 気圧) で 22.4 L であり, 112 L は 5.00 mol に相当する. 混合気体 5.00 mol の中で CH_4 の物質量を a mol とすると, C_2H_6 の物質量は $(5.00 - a)$ mol となる.

メタンの燃焼熱 $(a \text{ mol} \times 890 \text{ kJ mol}^{-1}) +$ エタンの燃焼熱 $\{(5.00 - a) \text{ mol} \times 1560 \text{ kJ mol}^{-1}\}$

$= 5053$ kJ mol^{-1}

この計算結果から, $a = 4.10$ mol が求められる. したがって

メタンの体積百分率% $= \{(4.10 \text{ mol} \times 22.4 \text{ L mol}^{-1})/(5.00 \text{ mol} \times 22.4 \text{ L mol}^{-1})\} \times 100$

$= 82.0\%$

問題 A-22　左辺に反応物であるエタノールと酸素, 右辺に生成物がくるように式を整理すると, ① $\times 2 +$ ② $\times 3 -$ ③ より

$$C_2H_5OH(液) + 3O_2(気) = 2CO_2(気) + 3H_2O(液) + 1367 \text{ kJ}$$

したがって, エタノールの燃焼熱は 1367 kJ である.

問題 A-23　(1) 表面積　(2) 濃度　(3) 光　(4) 温度

問題 A-24　(1) $v = k[A][B]^2$　(2) 8 倍

問題 A-25　平衡に達したときの窒素と水素の物質量は, それぞれ 2.5 mol, 2.0 mol となる. 平衡状態での全物質量は 5.5 mol. よって

N_2 の分圧は　$P_{N_2} = 5 \times 10^5 \times \dfrac{2.5}{5.5} = 2.27 \times 10^5$ Pa

H_2 の分圧は　$P_{H_2} = 5 \times 10^5 \times \dfrac{2.0}{5.5} = 1.82 \times 10^5$ Pa

NH_3 の分圧は　$P_{NH_3} = 5 \times 10^5 \times \dfrac{1.0}{5.5} = 0.909 \times 10^5$ Pa

したがって, 圧平衡定数は

$$K_p = \dfrac{(P_{NH_3})^2}{(P_{N_2})(P_{H_2})^3} = 6.04 \times 10^{-12} \text{ Pa}^{-2} = 6.0 \times 10^{-12} \text{ Pa}^{-2}$$

問題 A-26　濃度平衡定数 K_c は

$$K_c = \dfrac{[CH_3COOC_2H_5][H_2O]}{[CH_3COOH][C_2H_5OH]} = 3.0$$

である. 平衡状態での全体積を v L, 生成物である酢酸エチルの物質量を x mol とすると, 各物質のモル濃度は

$$[CH_3COOH] = \dfrac{(2.0 - x)}{v}, \quad [C_2H_5OH] = \dfrac{(3.0 - x)}{v},$$
$$[CH_3COOC_2H_5] = \dfrac{x}{v}, \quad [H_2O] = \dfrac{x}{v}$$

となる. これらを濃度平衡定数 K_c の式に代入すると, $2x^2 - 15x + 18 = 0$ となる. これを x について解くと, $x = 1.5, 6$ となる. 最初に与えられた酢酸の物質量は 2 mol であるから, $x < 2$ と考えられる. したがって, $x = 1.5$ mol である.

問題 A-27　ルシャトリエの原理から考える.
(1) 温度を上げると吸熱方向に移動するため, 平衡は左向きになる.

(2) N_2O_4 を抜き取ると，N_2O_4 を増やす方向に移動するため，平衡は右向きになる．

(3) 圧力を上げると，気体の物質量を減らす方向に移動する．反応式から気体の物質量は，左辺 > 右辺．平衡は物質量の少ない方へ移動するから，平衡は右向きになる．

III 編　酸・塩基，酸化・還元

問題 A-1 (1) H_2O は，HCl から H^+ を受け取って H_3O^+ になっているから，塩基

(2) H_2O は，NH_3 に H^+ を与えて OH^- になっているから，酸

問題 A-2 (1) CH_3COOH(酸) + H_2O(塩基) $\rightleftarrows$ CH_3COO^-(共役塩基) + H_3O^+(共役酸)

(2) CO_3^{2-}(塩基) + H_2O(酸) $\rightleftarrows$ HCO_3^-(共役酸) + OH^-(共役塩基)

問題 A-3 硝酸の電離式は $HNO_3 \rightarrow H^+ + NO_3^-$ となり，1価の酸である．硝酸は強酸であるから，ほぼすべてが電離していると考え，水素イオン濃度は，硝酸水溶液の濃度にほぼ等しい．したがって，2.0×10^{-2} mol L^{-1} である．

問題 A-4 (1) アンモニアは水中で次のように電離する．

$$NH_3 + H_2O \rightleftarrows NH_4^+ + OH^-$$

濃度 c，塩基の電離定数 K_b から，電離度 α は

$$\alpha = \sqrt{\frac{K_b}{c}} = \sqrt{\frac{1.8 \times 10^{-5}}{0.10}} = 1.3 \times 10^{-2}$$

(2) $[OH^-] = c\alpha = 0.10 \times (\sqrt{1.8} \times 10^{-2}) = \sqrt{1.8} \times 10^{-3}$ mol L^{-1}

25°C では水のイオン積は $K_w = [H^+][OH^-] = 1.0 \times 10^{-14}$ (mol L^{-1})^2 である．この関係から，$[OH^-]$ がわかれば $[H^+]$ を知ることができる．$[OH^-] = \sqrt{1.8} \times 10^{-3}$ mol L^{-1} より

$$[H^+] = \frac{K_w}{[OH^-]} = \frac{1.0 \times 10^{-14}}{\sqrt{1.8} \times 10^{-3}} = \frac{1.0 \times 10^{-11}}{\sqrt{1.8}} \text{ mol L}^{-1}$$

となる．したがって，この水溶液の pH は

$$\text{pH} = -\left\{\log_{10}(1.0 \times 10^{-11}) - \frac{1}{2}\log_{10} 1.8\right\} = -(-11 - 0.13) = 11.1$$

問題 A-5 (1) ① CH_3COOH　② OH^-　③ $[CH_3COOH]$　④ $[OH^-]$　⑤ $[H^+]$
⑥ $[CH_3COOH]$　⑦ $\dfrac{K_w}{K_a}$

K_h の導出は

$$K_h = \frac{[CH_3COOH][OH^-]}{[CH_3COO^-]} = \frac{[CH_3COOH][OH^-] \times [H^+]}{[CH_3COO^-] \times [H^+]}$$

$$= \left(\frac{[CH_3COOH]}{[CH_3COO^-] \times [H^+]}\right) \times ([OH^-] \times [H^+])$$

$$= \left(\frac{1}{K_a}\right) \times K_w = \frac{K_w}{K_a}$$

(2) 電離した CH_3COO^- について次の平衡が成り立つ．

$$CH_3COO^- + H_2O \rightleftarrows CH_3COOH + OH^-$$

$$K_h = \frac{[CH_3COOH][OH^-]}{[CH_3COO^-]} = \frac{K_w}{K_a}$$

溶液の濃度について上に示した電離平衡の式より $[CH_3COOH] = [OH^-]$．$[CH_3COO^-] \fallingdotseq 0.10$ mol L^{-1} となるので

$$\frac{[OH^-]^2}{0.10} = \frac{1.0 \times 10^{-14}}{2.0 \times 10^{-5}}. \quad \therefore [OH^-] = \frac{1}{\sqrt{2}} \times 10^{-5} \text{ mol L}^{-1}$$

$[H^+][OH^-] = 1.0 \times 10^{-14} \text{ (mol L}^{-1})^2$ より $[H^+] = \sqrt{2} \times 10^{-9}$ mol L^{-1} となる．したがって，この水溶液の pH は
$$\text{pH} = -\log(\sqrt{2} \times 10^{-9}) = 8.85$$

問題 A-6 水酸化ナトリウムは水溶液中で次のように電離する．
$$\text{NaOH} \rightarrow \text{Na}^+ + \text{OH}^-$$
$[\text{OH}^-] = 2.0 \times 10^{-2}$ mol L^{-1} より
$$[\text{H}^+] = \frac{K_w}{[\text{OH}^-]} = \frac{1.0 \times 10^{-14}}{2.0 \times 10^{-2}} = 5.0 \times 10^{-13} \text{ mol L}^{-1}$$
この水溶液の pH は
$$\text{pH} = -\log_{10}(5.0 \times 10^{-13}) = -\log_{10}\frac{10}{2.0} + 13 = \log_{10} 2 + 12 = 12.3$$

問題 A-7 (1) $\text{H}_2\text{C}_2\text{O}_4 + \text{Ba(OH)}_2 \rightarrow \text{BaC}_2\text{O}_4 + 2\text{H}_2\text{O}$
 (2) $2\text{HCl} + \text{Ca(OH)}_2 \rightarrow \text{CaCl}_2 + 2\text{H}_2\text{O}$
 (3) $\text{H}_3\text{PO}_4 + 3\text{NaOH} \rightarrow \text{Na}_3\text{PO}_4 + 3\text{H}_2\text{O}$

問題 A-8 (1) $\text{H}_2\text{CO}_3 + 2\text{NaOH} \rightarrow \text{Na}_2\text{CO}_3 + 2\text{H}_2\text{O}$
 (2) $\text{H}_3\text{PO}_4 + 2\text{KOH} \rightarrow \text{K}_2\text{HPO}_4 + 2\text{H}_2\text{O}$

問題 A-9 n 価の酸 H_nA は次のように電離する．
$$\text{H}_n\text{A} \rightarrow n\text{H}^+ + \text{A}^{n-}$$
このとき，H$^+$ の物質量は $n \times c \times V \times (1/1000)$ mol．
n' 価の塩基 $\text{B(OH)}_{n'}$ は次のように電離する．
$$\text{B(OH)}_{n'} \rightarrow \text{B}^{n'+} + n'\text{OH}^-$$
このとき，OH$^-$ の物質量は $n' \times c' \times V' \times (1/1000)$ mol．
中和点では H$^+$ の物質量と OH$^-$ の物質量が等しいから
$$n \times \frac{c \cdot V}{1000} \text{ mol} = n' \times \frac{c' \cdot V'}{1000} \text{ mol}$$

問題 A-10 中和反応の化学反応式は $\text{H}_2\text{SO}_4 + 2\text{NaOH} \rightarrow \text{Na}_2\text{SO}_4 + 2\text{H}_2\text{O}$ である．2 価の硫酸と 1 価の水酸化ナトリウムのように酸と塩基の価数が異なる場合の中和反応では，硫酸の 2 倍の物質量の水酸化ナトリウムが必要になる．反応式の係数比から $\text{H}_2\text{SO}_4 : \text{NaOH} = 1 : 2$ (物質量比) である．濃度 0.100 mol L^{-1} の NaOH が 0.0100 L であれば，その物質量は 0.100 mol L^{-1} × 0.0100 L $= 1.00 \times 10^{-3}$ mol である．中和に必要な H_2SO_4 の物質量は $(1/2) \times 10^{-3} = 0.500 \times 10^{-3}$ mol となるので，希硫酸のモル濃度は $(0.500 \times 10^{-3} \text{ mol})/(8.25 \times 10^{-3} \text{ L}) = 0.0606$ mol L^{-1} である．

問題 A-11 中和反応の化学反応式は $\text{H}_2\text{SO}_4 + 2\text{NaOH} \rightarrow \text{Na}_2\text{SO}_4 + 2\text{H}_2\text{O}$ である．この式から H_2SO_4 と NaOH 物質量の関係 $\text{H}_2\text{SO}_4 : \text{NaOH} = 1$ mol $: 2$ mol．H_2SO_4 の濃度を c mol L^{-1} とすると 10 mL の中に，硫酸だけが c mol L^{-1} × (10 × 10^{-3} L) = $c \times 10^{-2}$ mol 含まれている．濃度 0.15 mol L^{-1} の NaOH 水溶液 12 mL には 0.15 mol L^{-1}×(12×10^{-3} L) = 1.8×10^{-2} mol の NaOH が含まれる．したがって，中和反応においては $\text{H}_2\text{SO}_4 : \text{NaOH} = 1$ mol $: 2$ mol $= c \times 10^{-22}$ mol $: 1.8 \times 10^{-2}$ mol となるので，$c = 0.090$ mol L^{-1} である．

補足説明 2 価の硫酸と 1 価の水酸化ナトリウムのように，酸と塩基の価数が異なる場合の中和反応では，硫酸の 2 倍の物質量の水酸化ナトリウムが必要になる．中和点では H$^+$ の物質量と OH$^-$ の物質量が等しい．希硫酸については $n = 2$ 価，濃度 c (不明)，水溶液 $V = 10$ mL であり，水酸化ナトリウムに関しては，$n = 1$ 価，濃度 $c = 0.15$ mol L^{-1}，水溶液 $V = 12$ mL である．

問題 A-12 中和反応の化学反応式は $Ca(OH)_2 + 2CH_3COOH \rightarrow Ca(CH_3COO)_2 + 2H_2O$ である．2価の水酸化カルシウム (式量 74) と 1価の酢酸 (分子量 60) のように，塩基と酸の価数が異なる場合の中和反応では，水酸化カルシウムの 2倍の物質量の酢酸が必要になる．反応式の係数比から $Ca(OH)_2 : CH_3COOH = 1 : 2$ (物質量比) である．$Ca(OH)_2$ 0.370 g の物質量は 0.370 g/74.0 g mol^{-1} = 5.00 × 10^{-3} mol であるから，中和に必要な酢酸の物質量は 10.0 × 10^{-3} mol となり，質量は (10.0 × 10^{-3} mol) × 60.0 g mol^{-1} = 0.600 g である．

問題 A-13 (1) 中和反応の化学反応式は $H_2SO_4 + 2NaOH \rightarrow Na_2SO_4 + 2H_2O$ である．反応式の係数比から物質量の関係は $H_2SO_4 : NaOH = 1 : 2$ である．中和される H_2SO_4 が 1.00 mol だから，必要な水酸化ナトリウムは 2.00 mol である．

(2) 中和反応の化学反応式は $Ca(OH)_2 + 2HNO_3 \rightarrow Ca(NO_3)_2 + 2H_2O$ である．2価の水酸化カルシウム (式量 74.0) と 1価の硝酸のように，塩基と酸の価数が異なる場合の中和反応では，水酸化カルシウムの 2倍の物質量の硝酸が必要になる．反応式の係数比から物質量の関係は $Ca(OH)_2 : HNO_3 = 1 : 2$ である．0.200 mol の硝酸を中和する水酸化カルシウムの物質量は 0.100 mol となり，その質量は 0.100 mol × 74.0 g mol^{-1} = 7.40 g である．

(3) 中和反応の化学反応式は $NH_3 + CH_3COOH \rightarrow NH_4^+ + CH_3COO^-$ である．反応式の係数比から物質量の関係は $NH_3 : CH_3COOH = 1 : 1$ である．12.0 g の酢酸 (分子量 60.0) は 0.200 mol だから，中和に必要なアンモニア (分子量 17.0) は 0.200 mol × 17.0 g mol^{-1} = 3.40 g である．

問題 A-14 中和反応の化学反応式は $H_2SO_4 + 2NaOH \rightarrow Na_2SO_4 + 2H_2O$ である．反応式の係数比から物質量の関係は $H_2SO_4 : NaOH = 1 : 2$ である．NaOH (式量 40.0) 2.40 g は 0.0600 mol だから，中和に必要な H_2SO_4 の物質量は 0.0300 mol である．したがって，H_2SO_4 の体積は 0.0300 mol/0.400 mol L^{-1} = 75.0 mL である．

問題 A-15 反応式にある e$^-$ は，→ の左側にあるときは電子を得ているので還元，→ の右側にあるときは電子を与えているので酸化になる．   (1) 電子を与えているので，酸化．
変化が示されている式では，電荷が減少していたら還元，電荷が増加していたら酸化になる．
    (2) 電荷が減少しているから，還元．   (3) 電荷が増加しているから，酸化．

問題 A-16 (1) +5, +4, +3, +2, −2   (2) −1, +1, +3, +5, +7

問題 A-17 (1) +3   (2) +4   (3) +4   (4) +4

問題 A-18 それぞれの変化前後の酸化数を求める．
(1) $KMnO_4$ の Mn の酸化数は +7，$MnSO_4$ の Mn の酸化数は +2．変化において酸化数が減少しているから，還元された (R)
(2) N   (3) O   (4) O

問題 A-19 酸化数を求めて，その増減から判断する．問題 A-18 の酸化・還元と酸化剤・還元剤が異なることに注意する．
(1) Sn の酸化数が +2 から +4 に変化したから，還元剤
(2) Cr の酸化数が +6 から +3 に変化したから，酸化剤

問題 A-20 酸化還元反応式をつくる手順 (1) の ①〜④ を参考にする．

$$Cr_2O_7^{2-} \rightarrow 2Cr^{3+}$$

$$Cr_2O_7^{2-} \rightarrow 2Cr^{3+} + 7H_2O$$

$$Cr_2O_7^{2-} + 14H^+ \rightarrow 2Cr^{3+} + 7H_2O$$

イオン式：$Cr_2O_7^{2-} + 14H^+ + 6e^- \rightarrow 2Cr^{3+} + 7H_2O$

問題 A-21 酸化還元反応式をつくる手順 (1)〜(3) を参考にする.
(1) 酸化剤と還元剤の半反応式をつくる.

過酸化水素 (酸化剤)　$H_2O_2 + 2H^+ + 2e^- \rightarrow 2H_2O$　…①

ヨウ化カリウム (還元剤)　$2I^- \rightarrow I_2 + 2e^-$　…②

(2) イオン式をつくる. 式①と式②の辺々を加えると電子の項が消える.

$$H_2O_2 + 2H^+ + 2I^- \rightarrow I_2 + 2H_2O \quad \cdots ③$$

(3) カリウムイオン ($2K^+$) を両辺に加える. 溶液は硫酸酸性であるから, H^+ は H_2SO_4 から供給される.

$$H_2O_2 + H_2SO_4 + 2KI \rightarrow I_2 + K_2SO_4 + 2H_2O$$

問題 A-22 $KMnO_4$ の酸化剤としての半反応式は

$$KMnO_4 + 8H^+ + 5e^- \rightarrow Mn^{2+} + K^+ + 4H_2O \quad \cdots ①$$

$Na_2C_2O_4$ の還元剤としての半反応式は

$$Na_2C_2O_4 \rightarrow 2CO_2 + 2Na^+ + 2e^- \quad \cdots ②$$

① × 2 + ② × 5 より

$$2KMnO_4 + 5Na_2C_2O_4 + 16H^+$$
$$\rightarrow 2Mn^{2+} + 2K^+ + 10Na^+ + 10CO_2 + 8H_2O$$

溶液は硫酸酸性であるから H^+ は H_2SO_4 から供給され, 生成系の Mn^{2+}, K^+, Na^+ は硫酸塩となる.

$$2KMnO_4 + 5Na_2C_2O_4 + 8H_2SO_4$$
$$\rightarrow 2MnSO_4 + K_2SO_4 + 5Na_2SO_4 + 10CO_2 + 8H_2O$$

問題 A-23 (1) から C > A, B, D. (2) から A > B, D. (3) から B > D となる. したがって, C > A > B > D である.

問題 A-24 (1) ダニエル電池の正極材料は Cu, 負極材料は Zn を用いている.
(2) $(-)$ Zn$|$ZnSO$_4$ aq$||$CuSO$_4$ aq$|$Cu $(+)$　(3) 負極
(4) 正極：$Cu^{2+} + 2e^- \rightarrow Cu$, 負極：$Zn \rightarrow Zn^{2+} + 2e^-$

問題 A-25 電気分解では, 最も還元されやすいものが陰極で還元され, 最も酸化されやすいものが陽極で酸化される.
(1) 還元は H^+, 酸化は H_2O である.

陽極：$2H_2O \rightarrow O_2 + 4H^+ + 4e^-$

陰極：$2H^+ + 2e^- \rightarrow H_2$

(2) 還元は H_2O, 酸化は OH^- である.

陽極：$4OH^- \rightarrow O_2 + 2H_2O + 4e^-$

陰極：$2H_2O + 2e^- \rightarrow 2H_2 + 2OH^-$

問題 A-26 陽極と陰極で生じている反応は

陽極：$2H_2O \rightarrow O_2 + 4H^+ + 4e^-$　…①

陰極：$2H^+ + 2e^- \rightarrow H_2$

電気分解では，両極で消費される電子は同量なので，電子数を同じにするために陰極の反応式は2倍となるから

$$陰極：4H^+ + 4e^- \rightarrow 2H_2 \quad \cdots ②$$

発生した酸素ガスと水素ガスの体積比は，酸素の体積：水素の体積$=1:2$ となる．ここで，求める水素の体積を x mol とすると，$89.6:x=1:2$ となる．したがって，$x=179$ mL である．

問題 A-27 (1) 2.00 A の電流を 32 分 10 秒 (1930 秒) 流した．電気量は

$$2.00\ \mathrm{A} \times 1930\ \mathrm{s} = 3860\ \mathrm{C} = 3.86 \times 10^3\ \mathrm{C}$$

(2) 移動した電子の物質量 mol は

$$\frac{3.86 \times 10^3\ \mathrm{C}}{9.65 \times 10^4\ \mathrm{C\,mol^{-1}}} = 4.00 \times 10^{-2}\ \mathrm{mol}$$

(3) 還元反応 $Cu^{2+} + 2e^- \rightarrow Cu$

(4) 上式が示すように，電子 2 mol が流れると陰極で銅 1 mol が析出するから，発生した銅の物質量は $(1/2) \times 4.00 \times 10^{-2}\ \mathrm{mol} = 2.00 \times 10^{-2}\ \mathrm{mol}$ である．

IV 編　有機化合物

問題 A-1 分子式：C_2H_6O, 示性式：C_2H_5OH, 構造式：
$$H-\underset{\underset{H}{|}}{\overset{\overset{H}{|}}{C}}-\underset{\underset{H}{|}}{\overset{\overset{H}{|}}{C}}-OH$$

問題 A-2 分子式：C_3H_8O, 示性式：C_3H_7OH, 構造式：
$$H-\underset{\underset{H}{|}}{\overset{\overset{H}{|}}{C}}-\underset{\underset{H}{|}}{\overset{\overset{H}{|}}{C}}-\underset{\underset{H}{|}}{\overset{\overset{H}{|}}{C}}-OH$$

問題 A-3 分子式：C_4H_{10}, 示性式：$CH_3CH_2CH_2CH_3$ または $CH_3(CH_2)_2CH_3$,

構造式：
$$H-\underset{\underset{H}{|}}{\overset{\overset{H}{|}}{C}}-\underset{\underset{H}{|}}{\overset{\overset{H}{|}}{C}}-\underset{\underset{H}{|}}{\overset{\overset{H}{|}}{C}}-H$$

問題 A-4 4 種類

$CH_3CH_2CHCl_2$ (1,1-ジクロロプロパン), $CH_3CHClCH_2Cl$ (1,2-ジクロロプロパン), $ClCH_2CH_2CH_2Cl$ (1,3-ジクロロプロパン), $CH_3CCl_2CH_3$ (2,2-ジクロロプロパン)

問題 A-5 3 種類

$H_2C=CCl_2$ (1,1-ジクロロエチレン), $ClHC=CHCl$ (シス-1,2-ジクロロエチレンおよびトランス-1,2-ジクロロエチレンの異性体)

問題 A-6 分散力は接触面積が大きいほど大きくなる．直鎖状のアルカンの方が分枝したものより表面積が大きいので，分子間の引力相互作用が大きくなり，結果として沸点も高くなる．

問題 A-7 分子式：(1) CH_4 (2) C_2H_6 (3) C_3H_8 (4) C_4H_{10} (5) C_5H_{12} (6) C_6H_{14} (7) C_7H_{16} (8) C_8H_{18} (9) C_9H_{20} (10) $C_{10}H_{22}$
構造式：省略

問題 A-8 分子式：(1) C_3H_6 (2) C_4H_8 (3) C_5H_{10} (4) C_6H_{12}
構造式：下段は簡略化した構造式．C を書かずに結合を表す線の交点で示す．C に結合した H を結合とともに省略する．

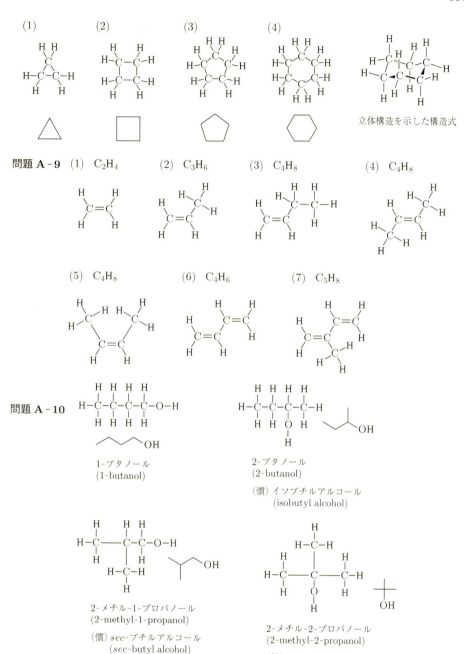

問題 A-11 $CH_3CH_2OH \xrightarrow[170°C]{H_2SO_4} CH_2=CH_2 + H_2O$

$2CH_3CH_2OH \xrightarrow[140°C]{H_2SO_4} CH_3CH_2OCH_2CH_3 + H_2O$

問題 **A-12** (1) H-CHO (2) CH_3-CHO (3) CH_3CH_2-CHO
(4) C_6H_5-CHO (5) $C_6H_5CH=CH$-CHO (6) CH_3CH_2-CO-CH_3

問題 **A-13** (1) HCOOH (2) CH_3COOH (3) CH_3CH_2COOH
(4) $CH_3CH_2CH_2COOH$ (5) $CH_3CH(OH)COOH$
(6) HOOCCH(OH)CH(OH)COOH (7) $HOOCCH_2CH(OH)CH_2COOH$
(8) C_6H_5COOH (9) p-$(HOOC)_2C_6H_4$ (10) o-$(OH)C_6H_4COOH$

問題 **A-14** (1) C_6H_5-CH_3 (トルエン), (ウ)
(2) C_6H_5-NO_2 (ニトロベンゼン), (エ)
(3) C_6H_5-NH_2 (アニリン), (ア)
(4) C_6H_5-OH (フェノール), (カ)
(5) C_6H_5-SO_3H (ベンゼンスルホン酸), (イ)
(6) C_6H_5-COOH (安息香酸), (オ)

問題 **A-15**

解答 (演習 1)

◆ 演習「大学生の化学」◆

演習 1

1.

	(1)	(2)	(3)	(4)	(5)	(6)	(7)
	長さ	質量	時間	電流	温度	物質量	光度
記号	L	M	t	I	T	N	I_v
単位	m	kg	s	A	K	mol	cd

2. (1) $1\,\text{mm} = 0.001\,\text{m} = 10^{-3}\,\text{m}$

(2) $6\,\text{cm}^3 = 6 \times (0.01\,\text{m} \times 0.01\,\text{m} \times 0.01\,\text{m}) = 6 \times 10^{-6}\,\text{m}^3$

(3) $0.8\,\text{g/cm}^{-3} = (0.8 \times 10^{-3}\,\text{kg})/10^{-6}\,\text{m}^3 = 0.8 \times 10^3\,\text{kg}\,\text{m}^{-3} = 8 \times 10^2\,\text{kg}\,\text{m}^{-3}$

3. $(8.2 \times 10^{-2}\,\text{atm}\,\text{dm}^3\,\text{mol}^{-1}\,\text{K}^{-1}) \times (101.3 \times 10^3\,\text{Pa}\,\text{atm}^{-1})$

$= 8.3 \times 10^3\,\text{Pa}\,\text{dm}^3\,\text{mol}^{-1}\,\text{K}^{-1}$

4.

(1)	(2)	(3)	(4)	(5)	(6)
5638	0.00005	0.000050	5.0×10^{-5}	4×10^3	4000
4桁	1桁	2桁	2桁	1桁	4桁

5. (1) 〔答〕$50.0\,\text{cm}^3$ 〔式〕$25.0\,\text{g}/0.500\,\text{g}\,\text{cm}^{-3} = 50.0\,\text{cm}^3$

(2) 〔答〕$250\,\text{g}$ 〔式〕$11.3\,\text{g}\,\text{cm}^{-3} \times 22.1\,\text{cm}^3 = 249.73\,\text{g}$

6. (1) 水 (化合物)   (2) アルミニウム (単体)   (3) 塩酸 (混合物)

(4) 塩化水素 (化合物)   (5) 空気 (混合物)   (6) 食塩 (混合物)

7. (1) Na　ナトリウム　sodium

(2) Na^+　ナトリウムイオン　sodium ion

(3) Cl　塩素　chlorine

(4) Cl^-　塩化物イオン　chloride ion

(5) NaCl　塩化ナトリウム　sodium chloride

8. (1) CH_4　メタン　methane

(2) C_2H_6　エタン　ethane

(3) C_3H_8　プロパン　propane

(4) C_4H_{10}　ブタン　butane

(5) C_2H_4　エテン (エチレン)　ethene (ethylene)

(6) C_2H_2　エチン (アセチレン)　ethyne (acetylene)

(7) ⬡　ベンゼン　benzene

(8) ⬡-OH　フェノール (ベンゼノール)　phenol (benzenol)

演習 2

1.

	(1)	(2)	(3)	(4)	(5)
	$^{12}_{6}\text{C}$	$^{7}_{3}\text{Li}$	$^{1}_{1}\text{H}$	$^{2}_{1}\text{H}$	$^{3}_{1}\text{H}$
元素名・同位体名	炭素	リチウム	(軽)水素	重水素	三重水素
原子番号	6	3	1	1	1
陽子数	6	3	1	1	1
質量数	12	7	1	2	3
中性子数	6	4	0	1	2
電子数	6	3	1	1	1

2. 〔答〕35.5 〔式〕$35.0 \times 75/100 + 37.0 \times 25/100 = 35.5$

3. (1) 〔答〕2.009×10^{-26} kg
  〔式〕$1.673 \times 10^{-27} \times 6 + 1.675 \times 10^{-27} \times 6 = (10.038 + 10.05) \times 10^{-27} = 2.0088 \times 10^{-26}$
  (2) 〔答〕6.0×10^{23} 個 〔式〕$0.012/(2.009 \times 10^{-26}) = 5.97 \times 10^{23}$

4. 〔答〕9.647×10^{4} C 〔式〕$1.602 \times 10^{-19} \times 6.022 \times 10^{23} = 9.6472 \times 10^{4}$

5. (1) 〔答〕7.305×10^{-23} g
  〔式〕$1.993 \times 10^{-23} + (2.656 \times 10^{-23} \times 2) = (1.993 + 5.312) \times 10^{-23} = 7.305 \times 10^{-23}$
  (2) 〔答〕15.99 g mol^{-1} 〔式〕$(2.656 \times 10^{-23} \times 12)/(1.993 \times 10^{-23}) = 15.991$

6. (1) N_2 (2) $N \equiv N$ (3) :N⋮⋮N: (4) NO_3^- (5) F^- (6) NaCl

7. (1) 〔答〕0.10 mol 〔式〕$1.8 \text{ g}/18 \text{ g mol}^{-1} = 0.10$ mol
  (2) 〔答〕6.0×10^{22} 個 〔式〕$0.1 \text{ mol} \times 6.0 \times 10^{23} = 6.0 \times 10^{22}$
  (3) 〔答〕0.20 mol 〔式〕$0.10 \text{ mol} \times 2 = 0.20$ mol
  (4) 〔答〕1.2×10^{23} 個 〔式〕$0.2 \text{ mol} \times 6.0 \times 10^{23} = 1.2 \times 10^{23}$

演習 3

1. (1) A ヘリウム, B ネオン, C アルミニウム, D 塩素, E カルシウム
  (2) 塩素 (3) ヘリウム, ネオン (4) D : Cl$^-$, E : Ca^{2+}

2. (1) $\lambda = h/mv$
  (2) 〔答〕7.3×10^{-11} m
  〔式〕$(6.626 \times 10^{-34} \text{ kg m}^2 \text{ s}^{-1})/(9.1 \times 10^{-31} \text{ kg} \times 1.0 \times 10^{7} \text{ m s}^{-1})$

3. (1) 〔答〕4.070×10^{-19} J
  〔式〕$E = h\nu$ より $E = 6.626 \times 10^{-34}$ J s $\times 2.997 \times 10^{8}$ m s$^{-1}/(487.9 \times 10^{-9}$ m$)$
  (2) 〔答〕2.451×10^{2} kJ mol^{-1}
  〔式〕4.070×10^{-22} kJ $\times 6.022 \times 10^{23}$ mol$^{-1} = 2.451 \times 10^{2}$ kJ mol^{-1}

4. (1)

量子数記号	n	l
量子数の名称	主量子数	方位量子数 (角運動量量子数)
許される値	$n = 1, 2, 3, \cdots$ の正の整数	$0 \sim (n-1)$ の範囲の 0 か正の整数

解答 (演習 4)

(2) 主量子数　(3) 方位量子数

(4)

主量子数	1	2	3	4	⋯	n
電子殻	K	L	M	N	⋯	—
最大電子数	2	8	18	32	⋯	$2n^2$

(5)

		方位量子数			
		0	1	2	3
軌道の名称		s軌道	p軌道	d軌道	f軌道
主量子数	1	1s	—	—	—
	2	2s	2p	—	—
	3	3s	3p	3d	—
	4	4s	4p	4d	4f

演習 4

1.

名称	主量子数	方位量子数	磁気量子数	スピン量子数	最大電子数
(1) 量子数記号	n	l	m	s	—
(2) 許される値	$n=1,2,3,\cdots$ の正の整数	$0\sim(n-1)$ で 0 か正の整数	$-l\sim 0\sim l$	$+\frac{1}{2}$ か $-\frac{1}{2}$	—
(3) K殻	1	0	0		2
(4) L殻	2	0	0		2
		1	$-1,0,1$		6
(5) M殻	3	0	0	$+\frac{1}{2}$ か $-\frac{1}{2}$	2
		1	$-1,0,1$		6
		2	$-2,-1,0,1,2$		10
(6) N殻	4	0	0		2
		1	$-1,0,1$		6
		2	$-2,-1,0,1,2$		10
		3	$-3,-2,-1,0,1,2,3$		14

2. (1) C : [He] $2s^2\,2p^2$　(2) Al : [Ne] $3s^2\,3p^1$　(3) Cl : [Ne] $3s^2\,3p^5$
(4) Ca : [Ar] $4s^2$　(5) Ti : [Ar] $4s^2\,3d^2$　(6) Cu : [Ar] $4s^1\,3d^{10}$

3.

原子	1s	2s	2p			3s
(1) Li	↑↓	↑				
(2) C	↑↓	↑↓	↑	↑		
(3) O^{2-}	↑↓	↑↓	↑↓	↑↓	↑↓	
(4) Na^+	↑↓	↑↓	↑↓	↑↓	↑↓	

4. (1) ① 陽イオン　② 第1イオン化エネルギー　③ 第2イオン化エネルギー　④ 小さ
(2) 2s軌道が閉殻な Be や 2p軌道が半閉殻な N の電子配置は安定なため, B や O より電子1個が放出されにくいから.

原子	1s	2s	2p		
Be	↑↓	↑↓			
B	↑↓	↑↓	↑		
N	↑↓	↑↓	↑	↑	↑
O	↑↓	↑↓	↑↓	↑	↑

5. ① 陰イオン　② 電子親和力　③ 高

6. ① イオン化エネルギー　② 電子親和力　③ 結合エネルギー

演習 5

1. (1) 共有結合　(2) 金属結合　(3) 共有結合　(4) 共有結合　(5) イオン結合
(6) 共有結合

2. (1) HCl：直線型，　H_2O：折れ線型，　CO_2：直線型
(2) HCl, H_2O
(3) 〔答〕2.067×10^{-29} C m
〔式〕1.602×10^{-19} C $\times 1.290 \times 10^{-10}$ m $= 2.0665 \times 10^{-29}$ C m
(4) 〔答〕16.8 %　〔式〕3.47×10^{-30} C m$/(2.067 \times 10^{-29}$ C m$) = 0.1678$
(5) 〔答〕17 %　〔式〕$16 \times |3.0 - 2.1| + 3.5 \times |3.0 - 2.1|^2 = 17.235$

3. (1) $H_2SO_4 + Mg(OH)_2 \rightarrow MgSO_4 + 2H_2O$
(2) $Ca^{2+} + 2Cl^- \rightarrow CaCl_2$

4. (1) ① $4NH_3 + 5O_2 \rightarrow 4NO + 6H_2O$
② $2NO + O_2 \rightarrow 2NO_2$
③ $3NO_2 + H_2O \rightarrow 2HNO_3 + NO$
(2) $NH_3 + 2O_2 \rightarrow HNO_3 + H_2O$　(3) オストワルト法

5. (1) 物質量：$(2.8/28 \text{ mol}) \times 2 = 0.2$ mol，質量：0.2 mol $\times 17$ g mol$^{-1} = 3.4$ g
(2) ハーバー-ボッシュ法

演習 6

1. (1) A−B: 固体，　C−D: 液体，　E−F: 気体
(2) B → C: 融解，　D → E: 蒸発
(3) 〔答〕3.0×10^3 J
〔式〕B → C の変化：$6.0 \times 10^3 \times (1/18)$ J，D → E の変化：$41 \times 10^3 \times (1/18)$ J，C → D の変化：$4.2 \times 1.0 \times (100 - 0)$ J．したがって，333.3 J $+ 2277.7$ J $+ 420$ J $= 3031$ J

2. (1) メタンの分圧：2.0×10^5 Pa $\times 2.0$ L $= P \times 4.0$ L，$P = 1.0 \times 10^5$ Pa
酸素の分圧：1.0×10^5 Pa $\times 12.0$ L $= P \times 4.0$ L，$P = 3.0 \times 10^5$ Pa
(2) 反応式　$CH_4 + 2O_2 \rightarrow CO_2 + 2H_2O$
酸素の分圧：3.0×10^5 Pa $- 2 \times 1.0 \times 10^5$ Pa $= 1.0 \times 10^5$ Pa
二酸化炭素の分圧：1.0×10^5 Pa
〔全圧〕1.0×10^5 Pa $+ 1.0 \times 10^5$ Pa $= 2.0 \times 10^5$ Pa

3. (1) 〔答〕$8.31 \times 10^3 \, \text{Pa L mol}^{-1} \, \text{K}^{-1}$
   〔式〕$PV = nRT$ より $R = PV/(nT) = 1.013 \times 10^5 \times 22.4/(1 \times 273)$, $R = 8.31 \times 10^3$
   (2) 〔答〕45
   〔式〕$PV = nRT$ より $4.0 \times 10^5 \times 0.50 = (4.0/M) \times 8.31 \times 10^3 \times 273$, $M = 45.37$

4. (1) 鉄：体心立方格子，銅：面心立方格子
   (2) 鉄：2個 $(1/8) \times 8 + 1 = 2$, 銅：4個 $(1/8) \times 8 + (1/2) \times 6 = 4$
   (3) 鉄：8個，銅：12個
   (4) $(4r)^2 = 3a^2$ から $r = \dfrac{\sqrt{3}}{4}a$
   (5) 銅の格子定数を a とすると面心立方格子の構造から $2a^2 = (4r)^2$, $a = 2\sqrt{2}r$ だから単位格子の体積は $a^3 = 16\sqrt{2}r^3$，原子1個の質量は M/N_A であり，単位格子に4個の原子が含まれるから単位格子の質量は $4M/N_\text{A}$. したがって，密度は $d = (4M/N_\text{A})/(16\sqrt{2}r^3) = M/(4\sqrt{2}r^3 N_\text{A})$ となる.

演習 7

1. (1) 溶媒：水, 溶質：砂糖
   (2) 〔答〕モル濃度：$\dfrac{1000 ad}{Mw} \, \text{mol L}^{-1}$, 質量パーセント濃度：$\dfrac{a}{w} \times 100 \, \%$
   〔式〕モル濃度 $\text{mol L}^{-1} = \dfrac{\text{溶質の物質量 mol}}{\text{溶液の体積 L}} = \dfrac{a \, \text{g}/M \, \text{g mol}^{-1}}{w \, \text{g}/d \times 10^3 \, \text{g L}^{-1}} = \dfrac{1000 ad}{Mw} \, \text{mol L}^{-1}$,
   質量パーセント濃度 $\% = \dfrac{\text{溶質の質量 g}}{\text{溶液の質量 g}} \times 100 = \dfrac{a \, \text{g}}{w \, \text{g}} \times 100 = \dfrac{a}{w} \times 100$
   (3) 〔答〕0.1 mg 〔式〕$1000000 \, \text{mg} \times (1/10000000) = 0.1 \, \text{mg}$

2. (1) 〔答〕MgSO_4：240 g, H_2O：252 g
   〔式〕$\text{MgSO}_4 = 120$, $\text{MgSO}_4 \cdot 7\text{H}_2\text{O} = 246$. $492 \times 120/246 = 240$, $492 - 240 = 252$
   (2) 〔答〕$2.00 \, \text{mol L}^{-1}$
   〔式〕492 g は 2.00 mol なので, $2.00 \, \text{mol}/1.00 \, \text{L} = 2.00 \, \text{mol L}^{-1}$

3. 〔答〕21 g
   〔式〕KCl 水溶液中に溶解している KCl は 10 g なので，溶媒の水は 90 g となる．さらに溶解できる KCl の量を x とすると, $(10 + x)/90 = 34/100$, $x = 20.6$.
   (2) 〔答〕11.3 g
   〔式〕$y/100 = (51 - 34)/(100 + 51)$, $y = 11.26$

4. 〔答〕$9.93 \times 10^4 \, \text{Pa}$
   〔式〕水の物質量は $90/18 = 5 \, \text{mol}$，グルコースの物質量は $18/180 = 0.1 \, \text{mol}$, $5/(5 + 0.1) = 0.980$. したがって, $0.980 \times 1.013 \times 10^5 = 0.9927 \times 10^5$.

5. (1) 〔答〕$1.39 \, \text{mol kg}^{-1}$
   〔式〕グルコース 20 g，水 80 g. したがって, $20 \, \text{g}/180 \, \text{g mol}^{-1}/0.08 \, \text{kg} = 1.389 \, \text{mol kg}^{-1}$.
   (2) 〔答〕100.72°C
   〔式〕$\Delta t_\text{b} = K_\text{b} \, m = 0.515 \, \text{K kg mol}^{-1} \times 1.389 \, \text{mol kg}^{-1} = 0.715$
   (3) 〔答〕-2.57°C
   〔式〕$\Delta t_\text{f} = K_\text{f} \, m = 1.853 \, \text{K kg mol}^{-1} \times 1.389 \, \text{mol kg}^{-1} = 2.573$

演習 8

1. (1) ① 上がる　② 下がる　③ 上がる

(2) ① $2H_2O_2 \rightarrow 2H_2O + O_2$

② 〔答〕79 g　〔式〕$0.7 \text{ mol} \times 34 \text{ g mol}^{-1} \times 100/30 = 79.33$ g

③ 〔答〕$5.0 \times 10^{-4} \text{ mol L}^{-1} \text{s}^{-1}$
〔式〕$(0.35 - 0.20) \text{ mol L}^{-1} / [(10 - 5) \text{ min} \times 60 \text{ s}] = 5.0 \times 10^{-4} \text{ mol L}^{-1} \text{s}^{-1}$

④ 〔答〕$5.0 \times 10^{-5} \text{ mol s}^{-1}$
〔式〕$5.0 \times 10^{-4} \text{ mol L}^{-1} \text{s}^{-1} \times (200/1000) \text{ L}/2 = 5.0 \times 10^{-5} \text{ mol s}^{-1}$

2. (1) $H_2 + I_2 \rightleftarrows 2HI$

(2) 〔答〕水素 0.04 mol,　ヨウ素 0.50 mol
〔式〕0.5 mol の水素が反応したことから $0.54 \text{ mol} - 0.50 \text{ mol} = 0.04$ mol,
0.5 mol のヨウ素が反応したことから $1.00 \text{ mol} - 0.50 \text{ mol} = 0.50$ mol.

(3) 〔答〕50　〔式〕$K = [HI]^2/[H_2][I_2] = (1.00)^2/(0.04 \times 0.50) = 50$

3. (1) 〔答〕酢酸：$9.9 \times 10^{-2} \text{ mol L}^{-1}$,　酢酸イオン：$1.3 \times 10^{-3} \text{ mol L}^{-1}$
〔式〕$[CH_3COOH] = 0.10 \text{ mol L}^{-1} \times (1 - 1.3 \times 10^{-2}) = 0.0987 \text{ mol L}^{-1}$,
$[CH_3COO^-] = 0.10 \text{ mol L}^{-1} \times 1.3 \times 10^{-2} = 1.3 \times 10^{-3} \text{ mol L}^{-1}$

(2) 〔答〕$1.7 \times 10^{-5} \text{ mol L}^{-1}$
〔式〕$K_a = [CH_3COO^-][H^+]/[CH_3COOH] = (1.3 \times 10^{-3})^2/(9.9 \times 10^{-2}) = 1.7 \times 10^{-5}$

4. (1) $PbCl_2 \rightleftarrows Pb^{2+} + 2Cl^-$

(2) 〔答〕$1.1 \times 10^{-7} \text{ (mol L}^{-1})^3$
〔式〕$[Pb^{2+}] = 3.0 \times 10^{-3}$, $[Cl^-] = 3.0 \times 10^{-3} \times 2$, $K_{sp} = [Pb^{2+}][Cl^-]^2 = 1.08 \times 10^{-7}$

演習 9

1. (1) 生成熱　(2) 燃焼熱　(3) 溶解熱　(4) 中和熱

2. (1) $CH_4(気) + 2O_2(気) = CO_2(気) + 2H_2O(液) + 890$ kJ

(2) $H_2O(液) = H_2O(気) - 44.0$ kJ

3. (1) $C_2H_5OH + 3O_2 \rightarrow 2CO_2 + 3H_2O$

(2) $CO_2(気)$ の生成：$C(固) + O_2(気) = CO_2(気) + 394$ kJ

$H_2O(液)$ の生成：$H_2(気) + \frac{1}{2}O_2(気) = H_2O(液) + 286$ kJ

$C_2H_5OH(液)$ の生成：$2C(固) + 3H_2(気) + \frac{1}{2}O_2(気) = C_2H_5OH(液) + 277$ kJ

(3) 〔答〕1369 kJ mol^{-1}　〔式〕$394 \text{ kJ} \times 2 + 286 \text{ kJ} \times 3 - 277 \text{ kJ} = 1369$ kJ

(4) 〔答〕106 kJ mol^{-1}
〔式〕$3C + 4H_2 = C_3H_8 + Q$ kJ, $394 \text{ kJ} \times 3 + 286 \text{ kJ} \times 4 - 2220 \text{ kJ} = 106$ kJ

4. (1) 左：394 kJ, 右：283 kJ

(2) $C + \frac{1}{2}O_2 = CO + 111$ kJ

5. (1) H−H：$H_2 = 2H - 436$ kJ,　H−F：$HF = H + F - 563$ kJ

(2) 〔答〕148 kJ
〔式〕$H_2 + F_2 = 2HF + 542$ kJ である. $(-436) + x = 2(-563) + 542$ より $x = -148$.

演習 10

1. (1) アレニウスの定義 (2) ブレンステッド-ローリーの定義 (3) ルイスの定義

2.

酸・塩基	化学式	価数	強弱
酢酸	CH_3COOH	1	弱酸
硫酸	H_2SO_4	2	強酸
アンモニア	NH_3	1	弱塩基
水酸化カルシウム	$Ca(OH)_2$	2	強塩基

3. (1) 〔答〕$0.50\ mol\,L^{-1}$ 〔式〕$1\ 価 \times 0.50\ mol\,L^{-1} \times 1.0 = 0.50\ mol\,L^{-1}$
   (2) 〔答〕$1.6 \times 10^{-3}\ mol\,L^{-1}$
   〔式〕$1\ 価 \times 0.10\ mol\,L^{-1} \times 0.016 = 1.6 \times 10^{-3}\ mol\,L^{-1}$
   (3) 〔答〕$1.0 \times 10^{-13}\ mol\,L^{-1}$
   〔式〕$[OH^-] = 1\ 価 \times 0.10\ mol\,L^{-1} \times 1.0 = 0.10\ mol\,L^{-1}$, $[H^+][OH^-] = 1.0 \times 10^{-14}$ より, $1.0 \times 10^{-14}/0.10 = 1.0 \times 10^{-13}$

4. (1) 〔答〕1
   〔式〕$2\ 価 \times 0.05\ mol\,L^{-1} \times 1.0 = 0.10\ mol\,L^{-1}$, $pH = -\log[H^+] = -\log 0.1 = 1$
   (2) 〔答〕1000 倍
   〔式〕$pH = 2$ のとき $[H^+] = 1.0 \times 10^{-2}$, $pH = 5$ のとき $[H^+] = 1.0 \times 10^{-5}$ より, $1.0 \times 10^{-2}/(1.0 \times 10^{-5}) = 1.0 \times 10^3$

5. (1) 反応式：$(COOH)_2 \cdot 2H_2O + 2NaOH \rightarrow (COONa)_2 + 4H_2O$, 塩基性
   (2) 〔答〕$1.50 \times 10^{-2}\ mol$ 〔式〕$1.89\ g/126\ g\,mol^{-1} = 0.0150\ mol$
   (3) 〔答〕$6.00 \times 10^{-2}\ mol\,L^{-1}$ 〔式〕$1.50 \times 10^{-2}\ mol/0.250\ L = 6.00 \times 10^{-2}\ mol\,L^{-1}$
   (4) $(COOH)_2 \rightarrow (COO^-)_2 + 2H^+$
   (5) 〔答〕$1.20 \times 10^{-3}\ mol$ 〔式〕$6.00 \times 10^{-2}\ mol\,L^{-1} \times 0.0100\ L \times 2 = 1.20 \times 10^{-3}\ mol$
   (6) 〔答〕$9.60 \times 10^{-3}\ mol\,L^{-1}$ 〔式〕$1.20 \times 10^{-3}\ mol/0.125\ L = 9.60 \times 10^{-3}\ mol\,L^{-1}$

演習 11

1. (1) $Fe_2O_3 + 2Al \rightarrow Al_2O_3 + 2Fe$
   (2) 酸化された原子と電子の授受：アルミニウム，電子を与えた．
       還元された原子と電子の授受：鉄 (Ⅲ)，電子を受け取った．
   (3) 〔答〕$3\ mol$ 〔式〕$Al \rightarrow Al^{3+} + 3e^-$
   (4) 酸化剤の半反応式：$Fe^{3+} + 3e^- \rightarrow Fe$, $+3 \rightarrow 0$
       還元剤の半反応式：$Al \rightarrow Al^{3+} + 3e^-$, $0 \rightarrow +3$

2. (1) 窒素：$HNO_3(+5)$, $NO_2(+4)$, $NO(+2)$, $N_2(0)$, $NH_3(-3)$
   (2) マンガン：$MnO_4^-(+7)$, $MnO_2(+4)$, $Mn^{2+}(+2)$, $Mn(0)$
   (3) 酸素：$O_2(0)$, $H_2O_2(-1)$, $H_2O(-2)$

3. $Cl_2 > Br_2 > I_2$

4. (1) $+7 \rightarrow +2$, 酸化剤
   (2) $MnO_4^- + 8H^+ + 5e^- \rightarrow Mn^{2+} + 4H_2O$
   (3) $Fe^{2+} \rightarrow Fe^{3+} + e^-$, 還元剤

(4) $MnO_4^- + 5Fe^{2+} + 8H^+ \rightarrow Mn^{2+} + 5Fe^{3+} + 4H_2O$
(5) 〔答〕0.080 mol L^{-1}　〔式〕$0.020 \times 5 \times 20/1000 = x \times 25/1000$, $x = 0.080$

演習 12

1. $Na > Zn > Pb > H_2 > Cu > Ag > Pt$

2. (1) スズメッキ鋼板：ブリキ，　亜鉛メッキ鋼板：トタン
(2) スズメッキ鋼板：　負極：鉄，正極：スズ　　$Fe \rightarrow Fe^{2+} + 2e^-$
　　亜鉛メッキ鋼板：　負極：亜鉛，正極：鉄　　$Zn \rightarrow Zn^{2+} + 2e^-$
(3) それぞれの局部電池の起電力を表から求める．
スズメッキ鋼板：〔答〕0.30 V　〔式〕$-0.14 - (-0.44) = 0.30$
亜鉛メッキ鋼板：〔答〕0.32 V　〔式〕$-0.44 - (-0.76) = 0.32$

3. (1) 負極：$Pb + SO_4^{2-} \rightarrow PbSO_4 + 2e^-$
　　　正極：$PbO_2 + 4H^+ + SO_4^{2-} + 2e^- \rightarrow PbSO_4 + 2H_2O$
(2) $PbO_2 + 2H_2SO_4 + Pb \rightarrow 2PbSO_4 + 2H_2O$
白色物質は硫酸鉛(Ⅱ)，　サルフェーション
(3) 物質量：〔答〕4.00×10^{-2} mol
　〔式〕$4.14 \text{ g}/207 \text{ g mol}^{-1} = 0.0200$ mol,　$0.0200 \text{ mol} \times 2 = 0.0400$ mol
電気量：〔答〕3.86×10^3 C　〔式〕$0.0400 \text{ mol} \times 9.65 \times 10^4 \text{ C mol}^{-1} = 3860$ C

4. (1) 〔答〕0.89 g　〔式〕$5.0 \times 5.0 \text{ cm}^2 \times 0.0020 \text{ cm} \times 2 \times 8.9 \text{ g cm}^{-3} = 0.89$ g
(2) 〔答〕24 分　〔式〕$2 \times 96500 \text{ C} : 59 = 2.0 \times 60 \times t : 0.89$, $t = 24.261 \cdots$

付録　化合物の命名法

I. 無機化合物

化合物の名称には，古くから使われてきた慣用名と，世界共通の約束としてIUPAC(国際純正および応用化学連合)が定めた組織名とがある．以下に，IUPAC命名法に基づいて日本化学会が定めた日本語の命名法の要点を説明する．

A. 化学式の書き方

分類	書き方	例
金属と非金属の化合物(塩)	陽性部分(金属)，陰性部分(非金属)の順に書く ■陽性部分，陰性部分が2種類以上のときはアルファベット順に書く	$AlK(SO_4)_2 \cdot 12H_2O$
2種類以上の非金属の化合物(分子)	次の系列に従って並べる(左側ほど陽性と考える) $B \to Si \to C \to P \to N \to H \to S$ $\to I \to Br \to Cl \to O \to F$ ■酸の場合は，Hを先頭に書く	NH_3, H_2S, SO_2 HNO_3

B. 化合物の名称

分類	書き方	例
陰性部分が単原子の場合	「陰性部分」＋化＋「陽性部分の名称」 (省略した元素名)　(元素名そのまま)	$NaCl$ 塩化ナトリウム
陰性部分が多原子の場合	「陰性部分」＋「陽性部分の名称」 ■$-OH$，$-CN$ など簡単な原子団は「化」をつける	$NaOH$ 水酸化ナトリウム
2種類以上の元素の非金属の化合物	元素の成分比を漢数字で示す	NO_2　二酸化窒素 N_2O_4　四酸化二窒素
2種類以上の元素の金属の化合物	金属元素の酸化数をローマ数字で示す	$FeCl_2$　塩化鉄(II) $FeCl_3$　塩化鉄(III)
オキソ酸	慣用名が多く使われる ■酸化状態を示す接頭語をつけることがある	HNO_3　硝酸 $HClO$　次亜塩素酸 $HClO_2$　亜塩素酸 $HClO_3$　塩素酸 $HClO_4$　過塩素酸

C. イオンの名称

分類	書き方	例
単原子陽イオン	「元素名」＋イオン	Na^+　ナトリウムイオン
単原子陰イオン 簡単な多原子陰イオン	「元素名(語尾省略)」＋化物イオン	Cl^-　塩化物イオン OH^-　水酸化物イオン
多原子陰イオン	「酸の名称」＋イオン	NO_3^-　硝酸イオン

II. 有機化合物

分類	命名	例
直鎖のアルカン C_nH_{2n+2}	「ギリシャ語の数詞」+「アン (−ane)」 ■ C_1〜C_4 のアルカンは慣用名で表す	CH_4 メタン, C_2H_6 エタン, C_3H_8 プロパン, C_4H_{10} ブタン

数詞	1	2	3	4	5	6	7	8	9	10	11	12	多数
	mono	di	tri	tetra	penta	hexa	hepta	octa	nona	deca	undeca	dodeca	poly
	モノ	ジ	トリ	テトラ	ペンタ	ヘキサ	ヘプタ	オクタ	ノナ	デカ	ウンデカ	ドデカ	ポリ

分類	命名	例
アルキル基	アルカンの語尾−ane を「イル (−yl)」にする	$-CH_3$ メチル基 $-C_2H_5$ エチル基
枝分かれ (側鎖) のあるアルカン C_nH_{2n+2}	最も長い炭素鎖 (主鎖) で命名 側鎖は, アルキル基名とその数を示す ■側鎖の位置は, 主鎖の炭素原子につけた位置番号のうち小さい方で示す	$CH_3-CH_2-CH-CH_2-CH-CH_3$ 　　　　　　　$\vert$　　　　$\vert$ 　　　　　　CH_3　　CH_3 2,4-ジメチルヘキサン (3,5- とはしない)
アルケン C_nH_{2n}	アルカンの語尾−ane を「エン (−ene)」にする ■二重結合が 2 個のときは, ジエン (−diene) にする ■二重結合の位置は, より小さい方の番号で示す	$CH_2=CH-CH=CH_2$ 1,3-ブタジエン
アルキン C_nH_{2n-2}	アルカンの語尾−ane を「イン (−yne)」にする ■アルケンに同じ	$CH\equiv C-CH_3$ プロピン
シクロアルカン C_nH_{2n}	アルカン名に接頭語「シクロ (cyclo−)」をつける	CH_2 / H_2C-CH_2 シクロプロパン
芳香族炭化水素	慣用名が多く使われる ■置換体は炭素骨格に位置番号をつけて示す ■二置換体は o-(オルト), m-(メタ), p-(パラ) の接頭語も使われる	1,2-ジメチルベンゼン (o-キシレン)
ハロゲン化合物	アルカン名にハロゲンを示す接頭語をつける ■フルオロ (F), クロロ (Cl), ブロモ (Br), ヨード (I)	CH_2BrCH_2Br 1,2-ジブロモエタン
アルコール $R-OH$	アルカンの語尾−e を「オール (−ol)」にする ■2 価, 3 価の場合は, ジオール (−diol), トリオール (−triol) にする	$HOCH_2CH_2OH$ 1,2-エタンジオール
エーテル $R-O-R'$	炭化水素基名+エーテルで命名 ■炭化水素基名はアルファベット順	$CH_3OC_2H_5$ エチルメチルエーテル
アルデヒド $R-CHO$	炭化水素基名+アール (−al) で命名 ■慣用名も用いる	CH_3CH_2CHO プロパナール
ケトン $R-CO-R'$	炭化水素基名+オン (−one) で命名 ■慣用名も用いる	CH_3COCH_3 プロパノン
カルボン酸 $R-COOH$	炭化水素基名+酸で命名 ■慣用名が多く使われる	$CH_3CH_2CH_2COOH$ ブタン酸 (酪酸)
エステル $R-COO-R'$	カルボン酸名+アルコールの炭化水素基名	$CH_3COOC_2H_5$ 酢酸エチル
アミン $R-NH_2$	炭化水素基名+アミンで命名 ■慣用名も用いる	CH_3NH_2 メチルアミン

R, R′: 炭化水素基

■監修者

佐藤光史(さとう　みつのぶ)
1982年　東京大学大学院工学系研究科合成化学専攻博士課程単位取得満期退学
現　在　工学院大学先進工学部応用物理学科教授，工学博士

■著　者

佐々一治(ささ　かずはる)
1977年　早稲田大学大学院理工学研究科金属工学専攻博士課程修了
現　在　工学院大学学習支援センター講師，工学博士

松山春男(まつやま　はるお)
1974年　東京都立大学大学院理学研究科化学専攻博士課程単位取得満期退学
現　在　工学院大学学習支援センター講師，理学博士

永井裕己(ながい　ひろき)
2009年　工学院大学大学院工学研究科化学応用学専攻博士課程修了
現　在　工学院大学先進工学部応用物理学科助教，博士(工学)

徳永　健(とくなが　けん)
2007年　京都大学大学院工学研究科分子工学専攻博士後期課程修了
現　在　工学院大学教育推進機構基礎・教養教育部門准教授，博士(工学)

高見知秀(たかみ　ともひで)
1992年　東京大学大学院理学系研究科相関理化学専攻博士課程修了
現　在　工学院大学教育推進機構基礎・教養教育部門教授，博士(理学)

望月千尋(もちづき　ちひろ)
1998年　工学院大学大学院工学研究科工業化学専攻博士課程単位取得満期退学
現　在　工学院大学教育推進機構基礎・教養教育部門特任助教，博士(工学)

© 佐藤光史 2015

2015年12月19日 初版発行
2017年9月20日 初版第3刷発行

大学と高校を結ぶ
化 学 基 礎 演 習

監修者 佐藤光史
発行者 山本 格

発行所 株式会社 培風館
東京都千代田区九段南4-3-12・郵便番号102-8260
電話(03)3262-5256(代表)・振替00140-7-44725

D.T.P. アベリー・平文社印刷・牧 製本

PRINTED IN JAPAN

ISBN 978-4-563-04628-6 C3043